U0131530

当你自信独立，才能无所畏惧

伢伢——著

台海出版社

图书在版编目（CIP）数据

当你自信独立，才能无所畏惧 / 伢伢著. —北京：台海出版社, 2022.2（2022.5重印）
ISBN 978-7-5168-3189-2

Ⅰ. ①当… Ⅱ. ①伢… Ⅲ. ①成功心理—通俗读物 Ⅳ. ①B848.4-49

中国版本图书馆CIP数据核字（2022）第016775号

当你自信独立，才能无所畏惧

著　　者：伢　伢

出 版 人：蔡　旭　　　　封面设计：末末美书
责任编辑：曹任云

出版发行：台海出版社
地　　址：北京市东城区景山东街20号　　邮政编码：100009
电　　话：010-64041652（发行，邮购）
传　　真：010-84045799（总编室）
网　　址：www.taimeng.org.cn/thcbs/default.htm
E-mail：thcbs@126.com

经　　销：全国各地新华书店
印　　刷：天津光之彩印刷有限公司
本书如有破损、缺页、装订错误，请与本社联系调换

开　　本：880毫米×1230毫米　1/32
字　　数：105千字　　　　印　　张：6.5
版　　次：2022年2月第1版　　印　　次：2022年5月第2次印刷
书　　号：ISBN 978-7-5168-3189-2

定　　价：49.80元

[目录]

CONTENTS

认知

思考

学习

争取

第五章 突破

第六章 投资

第七章 炒股

第一章

认知

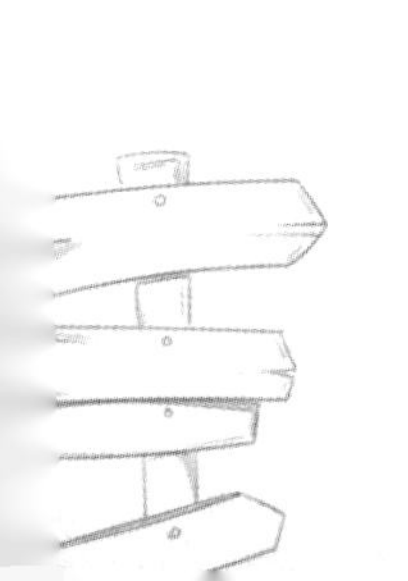

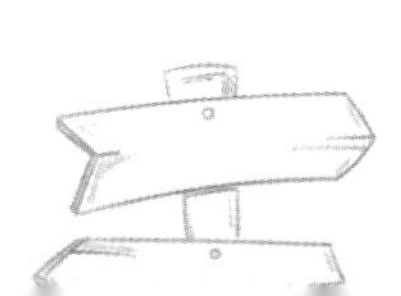

在自己能力范围内做到极致

不知从什么时候起，“斜杠青年”这个词开始流行起来，大家也以做“斜杠青年”为新风尚，但流行的同时又开始了“贩卖焦虑”。“贩卖焦虑”和“斜杠青年”成了当下大部分年轻人的口头词汇。我们希望自己可以有更多的标签，职业可以是一位产品经理，但私下还可以是摄像师、插画师、新媒体博主等，好像只有主业是远远不够的，必须还要有个副业，或者同时有几个副业才好。远的不讲，据我的朋友圈近几年的变化来看，几年前说得好听点，一大半是金融从业者，但现在再翻看一下朋友圈，同时开店的、卖珠宝的数不胜数。

放眼望去，几乎每一个人都在主业之外找了份副业或者兼职，双重保障，而且看上去做得风生水起，生活水平好像一下子大飞跃。

比如以前做外贸的，现在一边做着外贸，一边又转身成了某品牌化妆品或服装销售的地区代理，经常在朋友圈更新状态，每天看起来都忙得不可开交。

也有本职工作是在银行工作的，不知道从什么时候开始做起医美来了，今天晒转账记录，明天晒巨额刷卡账单，照片全是下午茶，出入的都是高端场所，动不动就来一句：钱只有花在自己身上，才是真的有价值。但实际上过得怎么样呢，并不可知，有些比较熟悉的会了解一点，朋友圈的“他们”，私下里还要考虑下个月家里的水电费账单、孩子的补习班费用怎么凑齐。

还有一种更吓人的，今天来个数据，证明通货膨胀有多厉害，明天来个物价表，证明钱有多不经用，告诉你钱放在银行只能眼睁睁看着贬值，什么也买不来。然后偷偷告诉你，不如投我们的某某养老产品，或者买某某保险，保证跑赢通货膨胀。

每次在朋友圈刷到这些，我就笑一笑，并不理会，因为我知道并没有什么所谓的暴富。“暴”这个词有着太多的诱惑性和不稳定性，主要是比较渺茫。我赞同并支持每个人应该有一份可以为自己增加保障的副业或兼职，毕竟现在的社会不论从事哪一个行业都是不稳定的，谁也说不准什么时候就丢失了这份工作或收入保障，已经不存在“铁饭碗”这一说法了。但是去发展自己的一份副业，不代表要盲目跟风，别人做什么你就做什么，最近看哪个副业比较火就做哪个。除了副业还有投资，投资也是现在大部分人的选择，而且我一直坚信存钱也是投资的一种，当你对投资项目的细节既不了解也不熟悉时，能把钱存住，也是能力的体现，迫不及待地想跟风投出去，博一个暴富，结果可能并不会如愿。每个人对抗投资风险的能力千差万别。

其实我也有特别焦虑的时候，每次焦虑起来还会持续很长时间。有一段时间，不知道是不是因为自己的年龄渐长，在生活里遇到一点瓶颈和挫折就丧气得不行，整个人都很迷茫。不知道自己以后的路该怎么走，害怕做事情会失败，害怕挣得太少，也害怕钱会亏在自己手里，老了没有钱用。甚至对待情感问题都很消极，不觉得人家对我的好就是爱，也不认为有哪个男人会长长久久地喜欢我。

最焦虑的时候，我想过和闺蜜一起开个奶茶店、甜品店之类的小店铺，但是仔细算了下门面租金、税费、加盟费、推广费和投资回报率之后，就打了退堂鼓。曾经也想过经营一个医美诊所，毕竟现在医美行业挺受关注的。暑假那段时间，我偷偷跑去好几家医美诊所，一边装作美容咨询，一边暗中观察经营状况，发现好多家一天下来没几个客户，而营业额真正做得好的，都是大型连锁集团，小门店举步维艰，而且最重要的是这种行业对硬性技术和相关资质的要求很高，我们所了解的只是表面。

我这个人做事情前喜欢反复琢磨，一个项目究竟能不能盈利，从哪里盈利，盈利能不能持续，有没有风险，这个风险我能不能抵御……不琢磨还好，一琢磨把激情都给磨光了，只剩下一堆冷冰冰的数字。

可能就是这种前一秒天使、后一秒魔鬼的个性，帮我挡掉了很多的冲动投资和诱惑。那个时候，我只有一个念头，投资某样东西，或者做某件事，我至少要先了解它，如果自己都不了解，说服不了内心，那哪怕我跟风走对了，也不得安宁。搞不好拐个弯，又搭进去了。

虽然我一直赞成有一份可以给自己带来保障的副业或兼职，但相对于副业来说，原本的专业能力是我们不能丢的，除非副业也可以培养我们相关的技能，并且可以持续发展。因为我一直坚信你只有有一定的能力和技术才可以长久地养活自己，不能因为副业在一段时间内比较挣钱就放弃了自己原本的技能或专业，要有长远的眼光。

有一件事比较触动我，是一段对某知名女演员的采访。

主持人问她，目前很多演员为了今后的发展会设立自己的工作室，或者会投资一些产业，不知道她是否也有过这样的计划。这位女演员直接回答说："我从来没有想过去开任何工作室或者做生意，做好演员就是我一生唯一的愿望。"

由此可见，找准自己的位置，认准一条路走下去，可能是最笨的方法，但却也可能是最聪明的捷径。只有把所有的精力都放在自己的专业上，去付出努力和心血，才会有更大的成就。

回过头来看，我们中那么多人有焦虑感，原因无外乎两个，一个是不知道自己想要什么，另一个是想要的太多，又没有耐心慢慢来，结果就是什么都想要，但又什么都没有下苦功夫，最终就什么都没得到。

而对抗焦虑最有效的办法，不是怎么赶在人前，而是找点事情专注去做、盯紧去做。副业、兼职耗费你两三分的精力是比较合理的分配，专注当下才是最重要的。

还在上学的就好好读书，专业学好了回报会很高，做微商或者其他副业，花几分精力就可以了，要分清轻重，毕竟人的精力是有限的。

已经工作，但又不喜欢现在的职业的，那就要立刻做决定，多方面分析，认真选择适合自己的，能够充分发挥自己的优势，去选择自己真正喜欢的工作。

人的精力和时间都是有限的，别信那套“找个清闲工作，然后再搞搞副业”的论调，想做什么就全身心投入去做，什么都想要的，最后都没好结果。

赚钱这事，一看运气，二看风口。

印象中，我爸他们那批“60后”，下海做生意是个风口，大家都守着铁饭碗不敢动时，谁胆子大一点，下海开个什么工厂，谁就能赚钱。

你去看现在的大批实业家，都是那个时候起来的。我家早年做汽水厂，其实都不好意思说是厂子，就是家庭小作坊，做类似北冰洋汽水的饮料，爸爸靠这个厂子养活了我们一家。

对“70后”来讲，房地产是风口，“80后”的风口是金融。

20世纪90年代三个专业最火：外语、计算机和土木工程。

学外语的，要么当外企白领，要么出国去了；学IT的，至少现在收入也不错；而学土木工程的，不管是进房地产公司，还是自己搞房地产，大部分都比同龄人有钱。

房价暴涨这些年，真正受益的实际上也就这一批人。

而21世纪头十年，据说两个专业比较火，录取分数最高，一个是新闻，另一个是金融。

我跟闺蜜属于随大流被推上末班车的，她学了新闻，我学了金融，结果毕业后她进了银行，我兜兜转转现在也算是做着自己的专业领域。

当然，现在金融也不那么火了，新闻被短视频冲击得比较厉害，看得也比较少了，而现在的时代风口是网络直播和自媒体。它们不需要有高学历和好的资历，也没有过高的门槛，有自己的特色和内容就可以了。

但想赚钱，除了努力，也靠运气，而风口就是运气。这事可遇不可求，只能回过头去看什么是风口，但你很难知道，什么是下一个风口。

大部分的普通人，还是活在自己的节奏里最现实。

什么叫活在自己的节奏里呢?

答案还是两个：专注做自己最喜欢的事情；如果做不到，那就做好主业，不要混日子。

不知道自己想要什么，那就去做最想做的，因为想成功是很难的，如果不是真的喜欢，你坚持不下去，也就等不来机会。

如果不知道什么是最想做的，那就想想，有什么事情是哪怕不赚钱，自己也愿意去做的。如果有，那就先坚持下来，任何一个领域，你做到专业，做到很难被别人取代，自然就不愁不成功。

世间人常有，而风口不常有，做到自己能力范围内的极致，并且一直做下去，这是我们这些普通人更为现实的选择。

如果你还没有能力找到喜欢做的事，那就先努力工作，千万千万不要混日子。努力提高专业技能，也是一条更为实在的路。

很多家长，尤其是家里的老一辈，最常灌输的错误观念，就是女孩子有个轻松体面的稳定工作就可以了，然后多照顾家庭。

所谓的稳定，就是“混日子也解雇不了”，这都是目光短浅的行为，且不说现在已经没有什么“铁饭碗”了，就算是有，也容纳不了这么多混日子的人。

安逸的环境和不思进取，对人有极大的杀伤力，你会变得越来越不爱动脑子，思维越来越固化，别人半小时能做好的事，你一天都搞不懂，慢慢地，竞争力越来越弱，最后一定会遇到壁垒。

现代社会，核心竞争力不是背景，也不是学历，而是你的学习能力。主动学习，去向身边更优秀的人学习，每天进步一点点，慢慢地，你的优势就凸显出来了，这个岗位离不开你，那你待在哪儿都有饭吃。

不管是自己喜欢的事，还是擅长的事，一头扎进去，勤勤恳恳做好，做到行业的前百分之二十，你就肯定不会饿死。

人都喜欢跟领域中最优秀的人打交道，你去健身，肯定是喜欢优秀的教练，因为他多年的经验会让你少走弯路。

而混日子的教练则会浪费你的时间和金钱，如果这个差教练，一会儿兼职教拉丁，一会儿兼职卖燕窝，就更惹人厌烦了，对不对？

你给孩子找家教，肯定是想找行业内最好的老师，上来就能解决痛点的，而不是“语数外史地”全能，全能有时就是全不能。现在需要的是“T”字型人才，首先你要有自己深耕的领域，有自己能拿得出手的技能或专业，然后有一些其余的副业或者其他技能。如果没有精力做其他的，在自己能力范围内做到极致就是最好的。

没有什么比手握一技之长更有底气

在我几个月大的时候，有一天爸妈给我洗澡，爸爸一边往澡盆里加水一边说："我们女儿的哭声比别的孩子响，以后至少也能上个本科大学吧！"妈妈听完手一滑，"扑通"一声，我跌木盆里去了，呛得鬼哭狼嚎。

几年后上学前班，因为我是左撇子，所以做什么都很慢，也不大和小朋友们玩，连老师问问题时都显得呆呆的，不怎么会说话。班主任提醒爸爸说，你家孩子反应比较迟缓，建议带她去医院看看。这仿若晴天霹雳，我爸几乎是哭着跟奶奶说："完了，完了，这孩子肯定是被摔成傻子了。"

一年级第一次考试，爸妈都很紧张，生怕我有什么问题。我还清晰地记得那次的分数是 78，爸爸激动得都快哭了："都会答题了，说明不傻。”

从那以后，不管是小学还是中学，考多少分爸爸都一副特别满足的表情，他总笑呵呵的，从不给我压力。所以，成绩对于孩子的重要程度，很大程度上取决于家长对他的期待。

成年之前我从未有过远大志向，对分数和排名比较在乎的唯一原因就是妈妈在乎。她是中学老师，和同事的聊天内容不是丈夫就是孩子。爸爸不在身边，于是妈妈便把所有的精力都放在了我身上，她希望我能够成为令她昂首挺胸的骄傲，所以当我达不到妈妈的目标时，她都会生气和失望，甚至一边打我一边哭。

成绩好不好成为衡量孩子优秀与否的标准，长大后又衍生出很多的标准：是否考公务员了；是否结婚了；结婚之后，就会问是否生孩子了。迎合这些标准就会得到赞扬，如果没有就被视为不争气。

事实是，遵守这些标准真的那么重要吗？世界并不会因为你按照这个标准行事而额外奖赏你，你该烦恼还是会烦恼，该一地鸡毛还是会一地鸡毛。要命的是，这些标准就像是缠绕在篱笆上的荆棘，一步步将你圈进来，慢慢地，你的路越来越窄。

心理学书籍中说，孩子大多被视为父母辈小一号的复制品，是大人内心自恋的投射器。再平庸的人内心深处都觉得自己是块被埋没的璞玉，孩子作为基因的延续，自然是最棒的，考第一、考名校都天经地义。如果孩子达不到这个要求，父母就会有心理落差，越是普通的人，心理落差越大。自己越是混得不如意，潜意识里越会对孩子寄予厚望，希望他能有远大前程，而那些真正过得好的，对子女的未来则并无特别期待，也不指望他们能比自己优秀，他们对子女更多的是宠爱和信赖。

在这一点上最典型的表现就是取名字，有些人家给孩子取的名字总是郑重其事地寄托期望或者鲜明地表达志向。举个例子，我妈妈教过的学生里就有好几个的名字里带“富”字和“贵”字。而有些家庭的孩子，名字寓意反而简单一点，只希望孩子平安健康。因为他们知道，孩子考多少分、排多少名并非那么重要，他们的未来是掌握在他们自己手中的。

孩子的分数排名重要吗？有时候很重要，有时候又不那么重要，而且越往后，认知的差距越会将人和人之间拉开距离。那么是不是成绩一般、家里没“矿”的孩子就没有什么出路了呢？答案是：未必。以我的人生经历，以下三个条件影响了你后半生能否逆袭：

一、是否有良好的学习方法和习惯

我的资质一般，最大的优点就是阅读速度快、理解能力稍强。拿过来一本书，我可以很快读完，然后对照目录把概要和心得口述出来，必要时会利用画思维导图、列框架、写关键词等方法帮助记忆。

以前不觉得我这样学习有什么特别的，但是我从选修的心理学课中得知：人脑中绝大部分储存的信息是跟电脑的“垃圾文件”一样随处堆放的，这部分被笼统地称为“潜意识”。但如果你在信息输入时做了二次加工或者总结，那么它就会像文件夹一样被有序地存放起来，被称为“记忆”。记忆的东西越多，大脑细胞和神经元的密度就越大，你的脑子就会越来越好使。

我也不是天生阅读速度就快，就会“记忆”，而是后期训练出来的，学习时间很宝贵，想多看课外书就只能用最短的时间尽可能多地记下来，时间久了就慢慢养成了习惯。这种做法我坚持了十几年，最明显的效果就是自学能力变得很强，知识储备量很大。由此可见，考试分数可以成为历史，但是良好的学习习惯保持下来就可以受益很久。

在准备职业考试和留学考试时，我发现市面上的各种辅导班和培训机构都打着速成的标签，类似多少天搞定雅思、GRE考试等。这些冠冕堂皇的说法无外乎就是教你走捷径——用快方法让你不费力气地拿高分。

但我没有报任何一个班，雅思和GRE考试所需的单词量，我都是生背，老老实实一遍一遍地记，不停地重复刺激大脑，平均每个词看过十遍以上。整个过程既痛苦又枯燥，但是没办法，只能硬扛，因为我知道没有任何一种方法比循序渐进、刻意练习效率更高的了。

总有人耍小聪明研究套路和速成，事实是聪明人往往用的都是笨方法，一步一步踏踏实实地去完成。学习也好，工作也好，做其他事情也好，就像盖房子，你一砖一瓦盖好的“房子”才会坚固。我以上的两段经历只说明了一个道理：坚持好的习惯可以提高效率，少走捷径，脚踏实地去做事。

二、是否有一技之长

我在小时候出于“求生欲”，各科目考试成绩都差不多，不相上下。但和我一起长大的媛媛就不同，她其他的科目一般，唯独英语这一科目相当拔尖，高考考了 147 分，几乎是单科状元，进了师大后，各种英语比赛奖项拿到手软，还没毕业就被某著名培训机构录用。我还在靠从家里拿生活费生活时，她就已经完全可以在外兼职讲课赚取生活费了。她在培训机构待了很多年，离职的时候，她是他们机构分校的校长，如今和丈夫一起创业，做留学培训，生活过得很好。

家长总觉得孩子全面发展最好，事实是全面发展的孩子进入社会后很有可能全面平庸，还不如某方面特别突出，比较容易被人记住。以后的社会，平台的优势越来越弱化，取而代之的是你个人有没有能力，有一技之长比什么都重要。什么都会一点但什么都不精通，远远不如有一技傍身的本领，可以安身立命。

三、是否有健康的身体

这一点的重要性是我近几年越发体会到的，国外校园最受欢迎的是体育特长生，什么美式橄榄球冠军、篮球明星学员，他们到哪儿都备受瞩目。我以前觉得这些人都头脑简单，学习不好，后来发现这些体育特长生的综合素质都很高。记得有个棒球手，和我搭伙去图书馆读书，做作业特别专注，到点就完成，然后去训练，效率特别高。最要命的是人家身体好，我熬夜两次人已接近报废，而他洗把脸后像重生了似的，继续精神抖擞地去上课。

身体好可以应对高强度的工作和竞争，身体健康专注力也会高。

培养好的学习方法和习惯，学个可以依靠的一技之长，是我们必须要求自己掌握的。

只有你刻苦学习过，才能领略到学习所带来的力量

日常生活中，我每天除了观察股票市场就是埋头学习，我还用两年时间考下了基金、证券、股权、期货的从业资格证书，通过了 CFA[①] 一级和二级考试，读了中国和英国金融学和经济数学方向的两个硕士，后期准备去哥伦比亚大学继续学习，不出意外的话，我会继续攻读偏人工智能方向的博士。

我对读书到底有没有用的最大体会来自一件小事。

中学的时候，有次奶奶来我家，不知怎么的就提起了爸爸的发小秦叔叔。秦叔叔的身体一直不好，生有两个女儿和一个

① CFA：全称 Chartered Financial Analyst（特许金融分析师），是全球投资业里最为严格与含金量最高的资格认证。

儿子。大女儿叫小雪，大我两岁，小时候我们经常在一起玩耍。奶奶说秦叔叔家两个女儿初中没毕业就辍学去工厂打工了，每月工资几千元都寄回家里，给爸爸治病的同时还要供弟弟读书。她们的妈妈逢人就夸女儿懂事。当时家里正准备让我转学念私立学校，一年的学费和生活费加起来将近一万，而爸爸又辞职准备下海创业，家中收入很不稳定。

奶奶的意思是女孩子没必要花费那么多钱培养，不如早点结婚生子。那晚爸妈都没说话。

一晃多年过去了，我按部就班地上大学、就业，放假在国内、国外玩耍。

我在出国读书前特意抽时间去了趟奶奶家。或许是家乡变化太快，或许是我许久不回奶奶家，已认不得路，记不清具体走哪条路，便麻烦路边一位有些干瘦的村妇带路。让我惊讶的是，她竟然知道我的小名，还提起我小时候的情况，言语间对我很熟悉，好似长辈一般。

到奶奶家后我提起这件事，想问那个村妇是不是家里哪个亲戚。奶奶叹口气说：“是你秦叔叔家的小雪啊，她早早嫁人生了两个儿子，但是丈夫身体不好而且还懒，一家老小全靠她打零工养活，小儿子好像还有先天病，苦的嘞……”

我当场目瞪口呆，因为小雪眼角的皱纹和头顶若隐若现的白头发让我怎么都不敢相信她是儿时的小姐姐，是我的同龄人。

从那以后，我特别感激我的父母。毕竟孩子不能选择父母和出身，但父母可以左右孩子的命运，我父母虽然严苛，但至少支持我读书，从而改变了我的命运。

我第一次申请哥伦比亚大学时被拒绝了，学校觉得我无法证明自己的学术研究能力。后来我找了一位耶鲁大学毕业的很有名望的教授，邀请他帮忙写推荐信。

申请学校成功后，我向那位教授表达感谢时，他说了一番话令我印象很深刻：“男孩子受教育可以改善一个家庭，但女孩子受教育会受益三代，所以我愿意帮忙。”

当然你可能会说知识确实能改变普通家庭孩子的命运，但对富裕家庭的子弟来讲可能没什么用。其实不然，家境殷实的人会因家庭变故而从云端坠入谷底，但他如若手握本科、硕士、博士等其中某一学历，便足以让他在遭遇家庭变故时也能自食其力。由此可见，读书是普通人家孩子的敲门砖不假，但也是显贵人家孩子的“保险杠”，因为穷未必会一直穷，富贵也未必能一直富贵。

以我不多的人生经历而言，知识可以改变命运，但不是一次性改变命运，如果你指望通过一次高考就从此达到人生巅峰，指望获取某一个从业资格证就能升职加薪，是不切实际的。想有大的改变必须要坚持学习。

记得刚毕业时，我工作轻松，薪水也不低，但过得并不开心，既不想和单位的“老油条”混在一起，也不知道自己还能干些什么。

当时的我很迷茫，不喜欢从事当前的工作，于是我给自己制订了一个计划，每天记二十个考研单词，一周做三套考研真题。虽然没有很严格执行，但好处是英文学习从大学到工作从来没有中断过，重拾起来几乎不需要过渡期，所以后来的研究生统考英语科目几乎没怎么刻意复习便通过了。

我那时经常出差，在路上我就翻看 CFA 真题。CFA 涉及股权、债券、衍生品投资等专业性很强的内容，资料又是纯英文的，整个学习过程很痛苦，白天出差写报告，晚上烧脑做习题。其实那时候自己也想不通考这个证书有什么用，但我很享受学习的过程。当你投入到学习状态中时，会帮助你忘记人际关系中的不快和感情中的困扰，甚至会在一定程度上增加自信。

现在回过头来看，那些看似不相关的事冥冥之中却都有联系：如果之前我没有学习英文打发时间，就不会那么顺利通过考研英语和 CFA 考试，如果没有做 CFA 的海量专业题，留学时的专业课考试也就没那么容易顺利通过。

很多时候你付出了努力，表面上看和没努力的人得到的结果一样，但那只是暂时没有显出成效，幸运会迟到但不会不到，你要相信不管这世界多么不公平，它还是会给勤奋肯拼的人留有机会。

当然光有决心还远远不够，策略和方法才是逆袭的关键，我根据自身体验总结了三个关键点，希望可以帮助到更多的人。

首先，要制定好一个大目标和 N 个小目标，在这之前要先清楚自己的优缺点，比如我的优点就是脑子反应快、阅读速度快、总结能力强，缺点就是讨厌运动。

因此在制定目标时，我肯定以学习专业知识类为主，而不是考瑜伽教练、赛车手等运动类的证书。做喜欢和擅长的事情可以帮助我建立信心，由简入难、积累经验，从而攻克一个目标。通过一门考试后，总结出的方法在下一门考试中也用得上，就像开公司，在这个项目能赚到钱，换一个项目大概率也能赚到钱，因为方法都是相通的。大目标制定好，再根据时间细分出每月、每周、每天的小目标，一步步去完成，每完成一个目标就设定一个奖励犒劳自己。

我那时上午研究股票，下午写文章，晚上备考，时间久了情绪很容易崩溃，于是每完成一个阶段的任务，我就会奖励自己看场电影、吃顿海鲜，算是犒劳自己。

其次，专注、自律和时间管理很重要，因为这些因素和执行的效果密切相关。我备考前的三部曲就是：删购物软件、删娱乐软件、关闭朋友圈。因为人的精力有限，只有极度专注才能把短期效率提升上去。

保持自律最重要的是不找借口，不留后路，不要用工作忙、身体不舒服等借口骗自己，也别觉得今天欠的明天可以补上。记得有一次假期玩得太过，计划拖延了半个月都没完成，于是逼着自己晚上熬夜硬补。但第二天身体就发出了预警，心脏开始感觉到不舒服。我反问自己："你不是觉得今天完不成的任务明天可以补回来吗？如果明天身体发出红色预警了呢？"这种自我惩罚恶补拖欠任务的方式太极端，从那以后我就再也不拖延了。

保持自律还需要培养好的习惯。心理学上讲，大脑神经元会记住人的每一次行为，单个行为重复的次数多了，基底神经节就会逐渐形成固定模式，而一旦它彻底熟悉了行为间的联系，将其转化成了习惯，那就很难改变了。举个例子，学习时看一次手机，神经元就记下一次学习和看手机之间的联系，次数多了，每次学习，大脑就会自动指挥你看手机；睡觉前玩一次手机，神经元就记下一次手机和床的联系，慢慢地，你一上床就会忍不住玩手机，导致的结果就是睡眠不好。所以我给自己定了规矩：坐在书桌前马上学习，学习时立刻静音关手机，躺下后就马上睡觉，逐渐养成了习惯。

最后一点，找到适合自己的方法。以学英语为例，我的经验就是重复记忆和大量阅读。中学时我喜欢抄课文，一边写一边默念生词和句子，一遍抄下来熟念了很多遍；我还喜欢阅读课外书，熄灯后就躲被窝里看英语外版书，遇到喜欢的外版书更是整本抄写。靠着抄课本和阅读外版书积累下来的语感，在语法不精的情况下，仍一次性通过了大学期间所有英语级别考试以及雅思考试。

如果说语言类考试靠的是积累，那么资格类考试靠的就是技巧了。复习某一科目前，我会先对着大纲和书的目录画宏观性的思维导图，每个章节讲了哪些重点，会在大脑中形成一个初步的脉络。之后再刷真题，每做完一套就总结错题，结合画的思维导图，快速找到错题所对应的知识点，然后再熟练掌握这些知识点，省时且高效。

以 CFA 考试为例，一级主要是介绍一些金融工具，二级是对这些金融工具进行估值定价，三级则讲如何运用这些工具进行资产配置，环环相扣。最简单直接的学习方法就是做原版书的习题和官网题库，我是第一遍做所有题，第二遍只做错题，总正确率达到百分之七十就算通过。做完一套题，官网会自动统计你打败了多少人，考试通过率是百分之四十三，那么你每次只要保证打败百分之六十左右的人，考试就没问题了。

我学了很多东西，考取了一些证书，虽然这些并没有使我成为大富大贵的人，但学习提高了我的自律、自控和规划能力。而有了这些能力之后，我就有了底气，以后做任何事都不会迷茫和轻言放弃。普通人真的要付出更多才能拥有好一点儿的人生，努力着往前一点儿，你的修炼效果就多一点儿，你离变成龙就更近一点儿。如果学习是条稳妥的道路，为什么不走呢?

只要你把生活过有趣了，那人生就不算赔本

毕业后，我在杭州的某家上市公司做助理，说是助理实则就是负责一些琐碎的打杂事情。但那时还蛮开心的，觉得刚入社会一年能赚 8 万自给自足，已经很好了。港校也不去读了，下班就跟同事去小吃街撸串，剩下的时间逛购物网站看视频，玩得不亦乐乎。

那时妈妈每天叮嘱我女孩子工作稳定即可，最主要是找到好的结婚对象，平时上班也要卖力些，这样领导才喜欢。但工作几个月后，我发现自己并不适合这份工作。

有一天我在前台顶班，顺便贴发票，办公室主任路过大厅问我："伢伢，去年发的通知存档在哪里，我要查一下。"

我说："在档案柜里的左手边。"说完拿着饭卡就去吃饭了。

吃完饭回来我却听见办公室主任在茶水间讲："那个伢伢，我问她通知放在哪儿，她说在档案柜里然后就走了。"旁边有人冷嘲热讽地说道："哎呀，现在的小姑娘都不会来事儿。"我真的是一脸委屈，明明就是在档案柜里呀。那时的自己真的想不到原来领导的意思不是问你文件在哪儿，而是让你给她拿过去。这件事给我留下了很深刻的印象。

还有一件事令我尴尬不已。当时公司经常要跟会计师事务所、银行券商打交道，吃喝应酬避免不了，领导觉得我形象气质不错，每次都叫我过去。参加饭局的全是董事长之类的人物，就我一个"普通人"。

满桌子菜没人动筷子，全都在那里听主坐之人高谈阔论，并时不时应和，我越来越饿，也越来越心急。最后上汤的时候，领导说："伢伢给我们每个人分一分啊！"于是我站在那儿一小碗一小碗地盛汤，全程大家都看着我，我本来心情就紧张，加上汤又比较烫，我又饿得心发慌，后来不小心手一抖，把汤勺打落在了地上，当时的我真的是满面通红，紧张坏了。

工作干了几个月，我已经开始轻度抑郁了，一方面想做好，另一方面又觉得实在使不上力，这根本就不是自己所擅长的领域，一身技能却无用武之地。那种心情就像乒乓球国手被调去踢足球一样，满身的技能只能化作悲愤。

没多久我去找领导，想调到更能发挥自己专长的工作岗位上，我是财经科班出身，能写能算，希望能去一个技术岗位。老板倒是很客气，说年轻人别浮躁，要做到扎根基层，当好螺丝钉，不要心高气傲。

那是我特别纠结的一段时间，觉得工作给我的东西和我的野心完全不匹配，于是经过一段时间的考虑，我拿起了专业书，开始准备考研、考取相关资格证，投简历换工作。

有些人因为不得志，就喜欢骂这个骂那个，觉得全社会都欠他们的。但好在那个时候我觉得，我有我的价值，我不应该被这样对待，抱怨和吐槽只会让人更加充满戾气，但是对能力提升半点儿帮助都没有，不如把精力专注在琢磨方法上，当你足够专注时，离成功也就不远了。

那是我人生中效率最高的时期，好像一只气球，一直被压得很瘪，但肚子里是有气在的，只需要一点点空间就能迅速膨胀。

生活没达到期望值，没关系，就当我赔本了，在这里止损，后面我卖力再把本赚回来。

当你特别卖力地想完成一件事的时候，你会发现连老天爷都在帮你，之后的人生，我做私募，做基金，写微信公众号都很顺。

记得当初我一个人的工作量顶三个人，最多的时候连续一周出差。当你勤奋、努力时，你会发现遇到的都是勤奋努力的人，他们都很优秀，给你的帮助也很大，而勤奋、爱动脑子的习惯一旦养成，再想懒就难了。我要玩命地补回那些被耽误、被否认的时光，那不只是青春，那是我的成就除以青春所得出的价值。

我经常听到有人在顾虑要不要去或者要不要继续留在北京、上海等大城市。我以我的教训告诉大家：如果有机会，一定要去试一试，并且不要放弃。

大城市有看得见的苦，但也有看得见的明规则，风口多，赶不上这波总会有下一波。贪图安逸坚守小城，或许不失为一种娴静的生活，但也许会错过很多改变人生的机会。

没有什么工作是金饭碗，你能不被淘汰就是最大的稳定，去大城市拼一把，万一成了也算是给下一代铺路吧。

那晚我复盘了自己的前半生，辗转反侧。记得一个心理学研究生说，一个人到了老年的时候能不能真正开心，不在于拥有多少金钱，很大一部分在于完成了多少儿时的梦想。我儿时的梦想是能够留学，然后去上海闯荡。犹豫时，内心小宇宙里要拼命把本赚回来的心气又来了，我又想起了做小文员时天天混吃等死的岁月，好像一夜之间又恢复了渴望成功的饥饿感。

什么是幸福？一个人真正的幸福并不是一直沐浴在阳光下，而是在黑暗中凝望光明，朝它奋力奔去。拼命忘我的时间里才能凝聚出真正的充实。

反正青春都短暂，不试的话年龄也会暗中增加，试了是圆梦之后的奔三。刚好感情上有些波折，和那时爱着的人商量了一下，我踏上了去英国的路。

在国外的生活并不轻松，可以说是颇为艰苦，我有很多次都是米饭就着眼泪咽下去的。由于中英存在七八个小时的时差，我又不想因为学习耽误看盘和正常工作，于是每天的作息就变成了这样：凌晨2点到早上8点爬起来看股票，休盘后稍微休息下，起床洗漱吃早饭，上午9点到下午4点上课，中间午休时间写微信公众号的文章，晚饭后预习、复盘、和学员交流，9点30分准时睡觉。每天坚持按作息严格要求自己。

记得有一回全天满课，我只能趁课间和午间休息构思文章框架，用语音来写，早饭和午饭全没顾上吃，有些头晕目眩，加上全天精神紧绷，晚上惊讶地发现后背的衣服湿透了，那是零下3摄氏度的大冬天。那一晚，我特别想大哭一场，但是已经没有了力气，挪上床三秒就睡过去了。

白天上课、晚上复习、夜里看交易市场真心会累，我经常窝在图书馆小套间里看着讲义，不知不觉就到国内的交易时间了，只好洗把脸，靠咖啡和茶提神，没胃口的时候干脆不吃了。

轻松的时候也不是没有，每个周末我可以休息半天，要么补觉，要么买书，要么去咖啡馆发呆看人来人往。这里什么都很贵，除了咖啡，别的什么都喝不起。除此之外就是淘书，从人生第一本英文小说《长腿叔叔》开始，阅读这种简单的小说成了苦中作乐的爱好，但国外的图书售价很高，我只好买二手的，靠着碎片时间一年竟然也看了差不多四十本书。作用很明显，阅读速度变得很快，识字能力变得很强，也对我从国外网站上了解国内金融环境和上市公司信息提供了很大的帮助。只是偶尔夜幕降临的时候，会不由得怀念杭州家里可口的美食，还有默契的好友。异国再好那也是单打独斗。

如今，股票账户仍在盈利，学业上还申请到了去美国高校就读的机会。过去的苦已经熬过来了，后面未知的辛苦还在等我，不过心态早已平和。我对物质没有很强的欲望，对书房的热爱远胜过衣帽间，获取新技能所得到的成就感也远大于购买名牌包包，有些辛苦现在经历总好过上了年纪时再遇到，弯路自己都走了一遍，那留给子女的就都是捷径了。只要你把辛苦的生活过得有趣了，那人生就不算赔本。

命运在你自己手里，而不是别人手里

我熟悉的一个“富二代”的母亲，身价有几十亿，本以为没什么烦恼，谁知她却十分为自己孩子的前途担忧，觉得儿子怎么就那么喜欢打游戏呢，跟他爹完全两个样。

坦白讲那个“富二代”并不差，一路上的都是很好的国际学校，大学也是国外很好的。

再说了，现在的孩子喜欢打游戏很正常，985 高校的学霸下课后也会偶尔打个游戏，打工人下了班也打。

但凡有点儿上瘾的事情难免会沉迷一段时间，过了那个兴奋劲和好奇劲后慢慢也就淡了，不信你看你们单位上有老、下有小、中间有房贷车贷的员工，还通宵打游戏不?

戒掉“瘾”只需要一个契机。我外公当年嗜酒如命，还非五粮液、茅台不喝，直到有一天，医生跟他说："你再这么喝下去，最多也就再活三年，不骗您。"结果回家他就戒了，现在滴酒不沾。一个上过战场的老兵，年轻时不怕牺牲，老来也是怕喝死的。

这位母亲还有个担心，就是怕儿子走歪，我说那等他大学毕业，就让他先去读研，尽可能进最好的学校读。

普通人家的孩子读书是为了改变命运，有钱人家的孩子读书是为了不被命运改变。怎么讲呢？他进好学校，在一个学霸扎堆的氛围内，绝对比跟着狐朋狗友天天吃喝玩乐要好，二十出头正是冲动的时候，跟在好学生后头，总比被小混混带坏强吧。

这孩子脑子很灵，也比较坦诚，他跟他母亲讲："我不喜欢读书，但我答应了去读，是因为第一你是我妈妈，男人应该孝顺；第二，学费是你出的，我花了家里的钱，总要给个交代不是？所以我就中上成绩毕业，再高就别想了。"

后来他去了年轻人比较向往的互联网大厂实习去了，这不是挺好的吗？但他的母亲又有了新的担忧。因为她听身边的不少老板讲，互联网行业是吃青春饭的，过了三十五岁就走下坡路了，而家里的人脉都在金融圈，自己的丈夫也是做金融行业的，一度纠结犹豫着要不要叫儿子回来子承父业。

我告诉她千万不要这样做。孩子目前对互联网行业的兴趣明显大过金融，现在既然找到了感兴趣的工作，那就应该让他去做，去尝试。

很多人终其一生都没有从事自己喜欢的工作，纯粹是为了赚钱，而他的工作是既喜欢又能挣钱的，多好。

互联网现在是风口行业，他干得一般，但那有高薪有股票期权，怎么样生活都不会太差，至少以后养活老婆孩子是可以的。如果干得好，跟对了人，能够有机会出去创业那当然更好，实在不行还有退路。一个已经大富大贵的人家，最重要的不是搏更大的财富，而是好好地守财。

不要小瞧守财，这并不容易，很多家族的二代，就因为太想干点儿大事，太想证明自己不比爹差，然后败掉了父母给的资产。

古话怎么讲？吃不穷喝不穷，算计不到就受穷。

民国时的盛宣怀家族，那么大的产业，怎么讲究吃喝怎么奢华，都没糟蹋完，真正败在主事的后人风向被人带偏了，又是赌博，又是听人怂恿投资，最后家业才全败光了。

所以我反复跟这个孩子的母亲说孩子真的已经很好了，没有坏习惯，又不好玩，也还算上进，前二十几年，你们培养他自食其力，后面就替他把关守住财富就好了，他有什么感兴趣的事想尝试，可放手让他去试。

其实这种现象很常见，很多小有家底的父母都有这个忧虑，担心孩子生活得不好，想留财产给他，但又怕留多了害了他。只要是这样的情况，我一般都是以下的建议：

先培养孩子好好读书，尽可能读较好的学校，而且尽量考取更高的学历，留学也好，考研究生也好，多读书总是没有坏处的。哪怕不是读书的料，也要让他学个一技之长，以后能养活自己和家庭。不管是男孩子还是女孩子，能自食其力养活自己，不麻烦别人，还能有余力照顾他人，那么留不留财产，留多少财产，其实都不是什么大问题。永远不要小瞧下一代人的潜能。

千万不要听那种“卖房上学，出来都未必赚套房子钱”的言论，孩子是人，不是理财产品，不能说因为房价高，它就是衡量一切的标尺，否则为什么各个地方都不遗余力抢人才，而不是抢炒房客呢？

其实我一直觉得，不论是大富人家的子女，还是我们普通人家的孩子，都要保持人的三条基本线。

一、做人大方向要清晰

比如不要背叛，不要背叛你的亲人、爱人、贵人、恩人。任何时候都不要诋毁别人，坚持住自己的大方向。不要走歪路，不要动歪脑筋。

二、做人要有维持生存的基本能力

不要有依赖心，也不要想着不劳而获，即使有人给你这个钱财，你也不一定有能耐守住这份财富。

任何时候都不要放弃工作，也别让职业生涯进入死胡同，如果做不到资深，那么学会理财，留条后路总是好的。

三、做人要有风险控制的能力

换句话讲，就是命运在你自己手里，而不是别人手里，不要怕，也不要动辄完全相信别人，做任何事把最坏的结果想清楚，你人生就不会坏到哪儿去。

第二章

思考

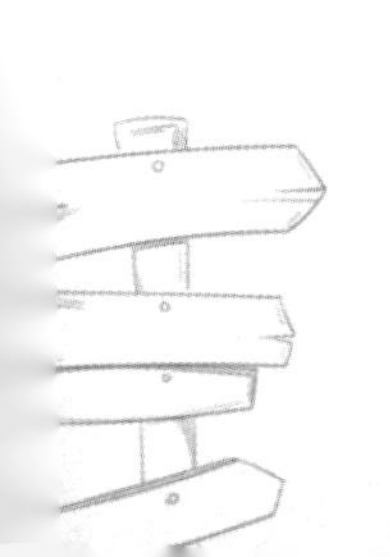

不要陷入“造人设”式和“假努力”式的学习中去

在我的整个学习生涯中，对我影响最大、最绕不开，也最难以面对的就是我的妈妈。

我是在盛夏出生的。那年和我差不多同时出生的孩子大部分是男生，所以在原本就有些重男轻女的家庭里，妈妈以及其他长辈也都期待着我能够是个男孩。但往往你越期待什么反而越得不到什么，同龄人中我是家附近唯一一个女孩子。

妈妈嘴上不讲，其实我知道她心里是憋着一股气的，主要是她想要我奶奶知道，我这个孙女不比哪个孙子差。以至于她在我小时候对我要求特别高，尤其在学习成绩上，严格要求我考取班级前多少名，要超过某某某，还给我报了一系列的补习班，生怕我被周围的男孩子比下去。

这种不能比男生差的要求，一直持续到我大学毕业。在我大学毕业进入社会后，家里这种严要求、高对比的教育方式突然取消了，反而是开始在我的人生大事上下功夫。“别人家的闺女，对着异性会不由自主地撒娇依赖，而她家女儿，连异性朋友都没有几个。”听到这种话，于是我妈就开始旁敲侧击地打听我在情感上的状况，话里话外都是希望我赶紧找个男朋友，不要把所有的心思都放在工作上。女孩子找个好的男朋友，才是头等大事。连工作上都教导我“不要太好强，不要太爱出风头，要学会展现女孩子的温柔细致”。画风突变得让人不禁疑惑：这还是那个考差了就脸色突变的妈妈吗?

几年后，我开始慢慢理解了母亲的这种变化，社会对男生女生的评判标准不一样，男生在很小的时候，父母就忙着帮他们存钱购房结婚，然后教育他们以后要养家糊口、挑起照顾家庭的重担。

而女孩子则被教育只要能养活自己就行了，如果能嫁个好的结婚对象就更好了，对事业和财产不需要过多地规划。久而久之，明明是受教育程度、生活起点都差不多的男女生，几年之后慢慢地就拉开了差距。所以我想告诉大家，除了在校的学习，毕业后进入社会的学习尤其重要。因为这个阶段的你比在学校的时候对自己未来的规划和方向要更清晰、更实际、更有掌控力，所学的知识也要更有目的性和实践性。

可我发现工作后想沉下心来学习并不那么容易，有时想学些新知识，却又不知道学什么。于是乎，就极易陷入两种学习方式中。

一、“造人设”式的学习方式

这种情况，朋友圈是“重灾区”。

不知从什么时候起，下午茶、插花、烤蛋糕、油画之类的爱好学习特别流行，拍出来的照片，无论是构图还是色调都相当精美。

内容之高格调，让你瞬间觉得晒照的是哪家午后悠闲的贵妇，而不是刚进职场的新人。

这样的学习有用吗？有，前提是，你已经衣食无忧，或者在职场上站稳了脚跟，需要这种闲情雅致的爱好来点缀、照亮枯燥的生活。但如果你实际生活中连下个月的住房租金或者房贷都还在发愁，又何必还在朋友圈硬拗岁月静好的白富美人设呢？

你要学的是能提高你吃饭水平的硬家伙，在自身的领域专注、拼搏，做到有影响力，甚至是极致，这可比学那些软技能要有用得多。在这里并不是抨击插画、烤蛋糕等技能，这些也是很棒很好的爱好，我自己在生活中也很喜欢。我在这里要说的是，在我们刚步入职场的时候，如若想更好地进步和提升自己的能力，我更建议你去学习与职业规划相关的硬技能，考取相关的职业证书。毕竟人的精力是有限的，越年轻的时候精力越旺盛，越能够投入到学习中去，学习能力越强，尤其是比较有难度的专业考试，真的是年龄越大精力越跟不上。所以不要跟别人比较，不要使自己陷入“造人设”的学习方式中去。

二、“假努力”式的学习

公众号开设以来，几乎每天都有人加我，说受我影响很大，目前正处于迷茫期，询问我要不要也考研，或者出国读书。说实话，这种问题我真的不知该如何回答，因为每个人的情况不一样。

以我为例，我刚萌生考研想法时，国内房地产大热，金融业也处于周期性上升期，学经济专业的人就业面很广，到底是跨向地产专业还是金融专业，我曾在脑海里进行过激烈的斗争。那时我已经用业余时间研究了很久的房地产投资，也向知名炒房团讨教过有用的经验，但论职业潜力，还是金融大一些，于是我果断去考了金融专业。

攻读第二个硕士学位是因为我意识到专注二级市场有一定的局限，一直在这一亩三分地里刨食还不够，我需要看看外面的世界，看看“金融＋其他行业”的可能性，毕竟现在的社会越来越需要复合型人才。

彼时我很看好互联网行业，奈何步子跨得太大，能力有些不足，于是就决定，要么多看看，要么投一些可靠的项目，实在不行，就找个从事这方面业务的前辈学习。

在外人看来，我读了金融、经济两个硕士，又拿了个项目管理类的剑桥研文，之后还去读博，看上去并没有产生多少经济效益，学费跟打水漂差不多。但内在究竟有没有提升、提升了多少，只有我自己知道，你觉得没有回报是你觉得，实际上房地产、金融、互联网哪个风口我都没错过。

所以，读不读书、考不考研，取决于你的实际需要，如果是要做教授，那么当然是学历越高越好，如果是职业需要，当然训练越专业越好。该读的书当然要读。如果只是为了逃避现实，不想面对生活压力，不想找工作，不想找对象，才选择去考研，那真没必要，那不是求发展，那是假努力。

成年人的世界，比的是综合实力，不是谁读书多就能更成功，学习计划要跟着整个人生规划走，所以要根据自己的人生规划去选择。你自己要头脑清醒，目标明确，不能够过于盲从，踩着别人的脚印走。人生，总要自己去走一走才有意义。

只有思考和勇气才会给你更多的安全感

“大环境不好，钱没以前那么好赚了”，几乎是这几年各行业的共识。早几年，会计代做账供不应求，随便一个小会计，手上都有好几个客户，忙都忙不过来，但现在一下子少了好多，能守住老主顾就不错了。

会计算传统行业，那互联网属于风口行业了吧，我在圣诞节和人在网上聊天，国内某“巨无霸”IT 公司的一位中层领导还在表达自己的担忧：其他行业的不景气终究会影响到互联网行业。这个行业本来风险就比较大，一旦被裁员，面临的窘境想都不敢想。

再说作为公认的离钱最近的行业——金融圈。投行、基金公司、券商等一度是毕业生的向往。

现在的情况是，高收入部门和职位当然还有，但门槛变高了好多，竞争者清一色名校毕业，那些学历低一点儿的求职者想进那些高收入的部门，获取高薪的职位，还是比较难的。现在是千万精英挤独木桥，那年轻人怎么办呢？——焦虑。

“中产危机”和“中年焦虑”一度是这几年的核心关键词，我也曾焦虑过，不过还要早几年，那时还不算中年。

考研之前，我有一段难以启齿的工作经历，说不出口，不是指工作上不了台面，而是自觉没有价值。

举个例子，那时单位经常会有一些重要的人或者投行、会计师事务所的人到访，一开会我就要跟着布置会场。

把会议室几十张椅子摆成一条直线，再把桌子上的茶杯对齐成一条线，总之就是要整齐划一，连每杯茶叶放多少都有讲究。

除了倒茶，还有洗水果，至少提前半天把果盘准备好，我们那个四十多岁的行政老总就这么盯着我，看草莓有没有一颗颗洗干净，绿梗有没有摘掉，香蕉有没有一根根摆放好。

会议结束后，还要进行打扫、整理。

这样的场景几乎每周都会上演，久而久之我开始迷茫和焦虑，看起来每天都很忙，但一天下来，却觉得什么都没有做。

那时候最流行的话语是，年轻人最重要的不是赚钱，而是低头学东西。但我不觉得干这些端茶倒水重复性的工作，能从中得到成长，我的志向又不是做会场布置，在这里学什么呢?

促使我离开的直接导火索，是某天前台人员请假，行政老总在楼道一见到我，就指令我快去老板办公室擦桌椅，一会儿他就来了。

说实话，我在家连酱油和醋都分不清，更别说打扫卫生了，我一脸蒙地找了块抹布，到水龙头那里接了水就忙活起来。

完工后，气还没来得及喘上一口，我就被行政老总一脸严肃地叫进了办公室，行政老总指着桌子问我:“桌子是你擦的?”我低头一看，原来这种办公桌用湿抹布擦完还应该用干抹布再擦一遍，要不等水渍一干就都是印迹。

那件事具体怎么收场的我已经忘了，但就是那天一个很清晰的声音告诉我：你不适合这里，继续待下去，你的精力和干劲早晚会被这些琐事消磨光的。

从那时起，我删除了手机里所有的娱乐软件，上下班路上和闲暇时间开始拼命学英语、看专业书，特别有斗志，好像学习就是一根救命的稻草，能把我从困境中解救出去。

我知道很多人会说，刚毕业的小年轻打杂是成长必经之路，熬出来就好了，或者会说，是金子总会发光的，小事情做得好，领导才有可能给大机会。

然而事实是，时间很宝贵，做任何不擅长和无意义的事情，都是对自我的消耗，如果能直奔主题，为何非要曲线救国呢?

是金子就一定要躺着等待别人发现吗?就不能主动把身上的尘土掸掉，告诉别人：我就是那块金子，我可以做这份工作，我有能力胜任吗?

回想起来，那是我最焦虑的时期，之后遇到任何困难我都没再怕过，因为经验告诉我：焦虑就像是身体发出的一种信号，在提醒你当前的环境并不适合你。你要么勇敢地跳出来，要么就做只在温水中妥协的青蛙。

后来我了解到英国哲学家查尔斯·汉迪的一个理论，他提出过“第二曲线”的管理学观点，意思是：不管是企业还是个人，都有起伏的周期，如果想一直保持在状态中，就要在第一事业曲线走向衰败之前，开拓新的增长点，即“第二曲线”。当然，你也可以总结为：居安思危。

而焦虑，就是在新旧交界点上，直觉给你发出的信号。

身为女性，尤其是大龄女生，伴随焦虑一起来的，还有一种“病症”，叫“我没有安全感”。这句话，几乎没有男性经常挂在嘴边，因为他们觉得：我只要有了钱，就什么都可以得到，没钱就什么都没有。

但是女性所受的教育、家庭的传统灌输决定了，她们常把安全感的希望，寄托在跟异性的关系上和今后的婚姻上。

说得赤裸点儿，就是因为“我”没有安全感，所以要向男人讨好处，要金钱和宠爱，来满足内心需求。说得委婉点儿，叫寻找爱情。

问题是，你把希望寄托在别人身上，就等于把筹码给了别人，然后自己在他身上使劲儿。这是很不利于自身成长的，最后的结果也大多是失望。

如果你改用男人的思维思考问题，像男人一样把责任揽到自己身上，而不是寄托于感情和婚姻，那你的境况只会好不会差，因为你对事情主动生出了责任感，就会潜意识地多付出一些努力，结果自然不同。

当你焦虑了，就要改变，当你做出改变了，害怕的东西，就会越来越少，那么你拥有的东西，就会越来越多。只有思考和勇气才会给你更多的安全感。

谁说大环境不好，你就赚不到钱了？谁说工作不好找，你就不能改变了？谁说年纪一到，你就必须结婚生子，不然就是失败者了？谁规定男人就该这样，女人就该那样？

没有，没有人规定，有的只是你内心的恐惧，以及缺少改变的勇气，然后年复一年，日复一日，困在麻木里。

这就是我这些年，像穿山甲一样，在一些事上钻到头破血流后收获的最大认知。

学习与独立思考的能力

一晃在新加坡待了差不多有两年了，日子过得也算是紧凑，忙学业的同时，也没有忘记享受生活。这边的天气比较好，我会时常去逛植物园，去看海。大自然总是会治愈我们。但在国外待得久了，有时会觉得跟不上国内的发展步伐，会有一种不甘心的感觉。

上周末跟国内的朋友聊天，他说你出去的这些年，你知道你错过了多少发展的机会吗？我又不傻，怎么会不知道呢！

但这个事情，我确实是做过挣扎跟权衡的，那时候我对自己讲：如果摆在你面前有两个机会，一个是挣钱的机会，一个是求学的机会，你会选哪个？自问了几次，都毫不犹豫地选了后者，那就没什么好说的了。

这么选倒不是说淡泊名利了，我这么一个平凡的人怎么会不想挣钱呢？只是我觉得，如果能力不到位，哪怕靠运气赚了钱，也未必守得住，最后还是要还回去的，但如果我在年轻的时候多进行学习，有知识有头脑，哪怕错过了这次机会，也会有下次。

挣钱的机会想有总是能找到，但读书的机会可不能错过，越是在年轻的时候、精力旺盛的时候，越要更多地去学习、去研究，过几年年纪大了，精力散了，再想读也有心无力了。

所以我仍觉得选择出国读书，继续深造，是我做的颇为正确的决定。有时候你要有自己的判断和思考能力，不要光听别人的劝导，要自己做决定。

我观察事物很细，阅读速度也很快，凡事喜欢做总结，所有的心得体会和灵光一现的好想法，都会写进日记里，这些年写了好几本厚厚的日记。

其实严格地讲，也不是日记，是从学生时代的错题集衍生而来的。

我记得那个时候，每逢寒暑假，我妈会去给别的孩子补课，留我在家自学。学什么呢？提前学下学期的数理化和英文单词。英语是早上读背，晚上默写。数理化则是看课本、做课后习题，做完对照答案看看自己错在哪儿，反复错的题就记在错题本上，没事就拿出来看。

我用的是活页纸，这样开学了有新的错题就可以补充进去，同时已经确定不会再犯的就移除掉。不知道你们中有几个人也有这种错题集，我反正是感觉帮助很大。

等到大学毕业后上班了，我就改成了写日记，写今天发生了什么，观察到什么，自己有什么心得体会。或者今天读了什么书，感觉怎么样，那些我觉得对今后有用的地方，还会用其他颜色的笔标注出来，这些成了我如今写文章的宝贵资料。

在国外学习的时候，我学会了一项很重要的技能叫作“Story Telling”，即讲故事。同样的事情，你能不能用讲故事的方式转述出来，能不能让听众有画面感、有共鸣，这是一项很重要的技能。

我把这个方法应用到了写作中，而且国外的论文写法很讲究套路，重视行文严谨性，跟我们古代的八股文有过之而无不及。这对我来讲也是一个很好的补充，让我不管写什么，脑海中都始终想着全文的主题是什么，偏离多远都能绕回来。谁说学习的收获，就一定得是用文凭去换工作，然后折算酬劳的？我自己有成长也算的。

当然最大的成长还是比以前更会“独立思考”了。千万别小看这四个字。

我有一阵子因为久坐腰酸背痛，就去报了个健身班，那个普拉提女教练是一个湖南妹子，知道我做股票，说自己也有A股的账户，让我帮忙看看。

一打开，好家伙，全是绿的，有些公司听都没听过。我问她你知道这些公司都是做什么的吗？她说不知道，听人家说好就买了。我问她那个人做得怎么样？她说是朋友，但水平怎么样自己也不知道，就跟着买了。

你看，什么都不知道就直接买了，像不像随便一个人给你介绍对象，你就跟人家结婚了？对方什么情况、做什么的、有没有过婚史你都不知道，这吓不吓人？

我一直以来坚持的投资原则就是：看不懂的东西不去碰。

这个看不懂不是说上来就不懂，而是做了一番研究之后发现还是不懂的。因为我觉得买股也好炒基金也好，都考验你的认知能力。你想赢，想拿到好收益，先要提高自己的认知，动脑子去挖，去下功夫找到合适的产品、好的公司。婚姻跟感情也是一样的，你精心挑选的成功率肯定大过随随便便就嫁了的。

如果是没有底子的投资小白，我都是建议先从基金买起，不要上来就买股票，为什么呢？因为买个股容易有永久性损失，比如你买了就被套住了，然后舍不得割，结果被越套越深。但是基金不一样，专业人士的风险控制能力会比较好，而且相对于股票更好操控一点。

两者的差异有点像亲自买食材自己做跟去餐厅点菜。自己做，看着活蹦乱跳的海鲜有点下不了手。点菜就不一样了，白灼、清蒸、蒜蓉都是现成的，你只要找有经验、口碑好的那家就对了。

要想职业生涯更长久，想在投资上取得高效回报，学习和独立思考很重要，只有摸索出一套适合自己的操作体系和打法，并且不断地进化，最后才可能得偿所愿。因为选择的过程，也是体现你能力的过程，虽然赢了可能有运气的成分，但是亏了一定有能力不足的原因存在。

比赚钱更重要的事

有一次和小伙伴在土耳其旅行，撸猫、吃烤肉、坐热气球，玩得不亦乐乎。路过阿凡诺斯时，不禁被商店里精美绝伦的陶瓷制品吸引住了，特别想买几个回去。同行的小伙伴强烈制止了我，说这些东西价格那么贵，都是骗人的，不要冲动消费。哪怕是后来店主拉着我们到店里详细察看并给我们讲解介绍，我还是被小伙伴给劝阻了，最终空手而返，导致我惦记了很久，后来在纽约的某个展销会上我又看到一模一样的制品，但价格已经翻了三倍不止了。

这件事让我如鲠在喉，非常别扭和难受。很多时候遇到喜欢的东西总是会犹豫不决，觉得这次不买下次再买也一样，或者不在这个地方买，去其他地方看看再说。然而事实却是：很多地方你去过一次后很少会再去第二次。而换个地方，未必能找到一模一样喜欢的，即使你找到了，但那时候心情已经变了，可能没那么喜欢了。后来，我再遇到一眼就相中的东西时，就会忍不住提醒自己：人生没必要处处太抠，如果真的喜欢且能带给你很好的情绪价值，那这个钱还是值得花的。钱在该花的地方不及时花掉，将来需要花掉更多去弥补。

我妈妈退休后，时间一下子充裕起来，我就会偶尔给她报一个老年团去旅游，出去散散心。有一次我给她定了高档的舒适酒店，里面可以泡温泉，很适合老人，却遭到妈妈强烈的反对和抱怨。然后我就劝她：如果一直把价格适中的酒店当作唯一的住宿选择，时间长了这个经济型酒店就会成为你的住宿标准，你就会很少再去尝试、体验其他类型和标准的酒店。但是如果体验到了同一个东西的其他标准，你就会知道原来贵的东西有这样舒适良好的体验和服务，就能更加确定自己想要的东西和奋斗目标。创造机会去看看标准更高的东西，才会更明确该朝着什么样的生活去奋斗。一辈子骑共享单车没什么不好，但你也要努力创造机会去坐一次宝马。这里并不是说便宜、低标准的东西不好，也不是鼓励大家去盲目争取自己能力之外的东西，而是人生就是要去多尝试，多去感受不同的标准和不同的体验，你才会更有动力去争取过上自己想要的生活。现在我妈见人就讲："我这一把年纪，活得还没女儿想得通透。"

当然这个道理不是我一出生就明白的，而是看过、经历过很多事情之后逐渐感悟出来的。

我在国外留学时，很少去高档餐厅吃饭，通常都是忙于学习，自己随便应付一口，做一点吃的，或者去附近的餐馆吃。有一次和其他国家的同学一起出去逛街，她邀请我去当地一家特别有名的高档酒店吃饭，我心生一丝介意。总觉得这种餐厅看看就好了，我们普通人还是不要进去吃了，消费高是一方面，更怕自己不懂得他们做的菜品，会丢人。可耐不住同学一个劲儿地叫自己，就跟她进了酒店。

没等一会儿，菜就上来了，每一样都好吃得不行。酒店的环境、氛围、食材质量、员工服务也都很周到、细致，客人的档次也不一样，他们穿着考究，气质迷人，举止优雅，仿佛这些才是高昂价格的附加值。那天晚上我破例喝了一大杯酒，半醉半醒中，一个声音在耳畔不断重复：“这才是我想要的人生啊，我一定要努力成为配得上这里的人。”

这次吃饭带给我的还有一个好处，就是我在这个餐厅认识了一个对我影响很大的朋友。那天吃到一半，我去了洗手间，在洗手池边遇到了一个亚洲女孩，她有些窘迫地用英文问我有没有卫生巾，我说有。看到牌子她惊喜地问我是不是中国人，我说是，两人聊着聊着就加了微信，然后发现还是老乡，我俩在纽约住得还挺近，感情一下子就升温了。她在我之后的留学生活中给了我很大的帮助，除了学业指导，在生活方面，当我遇到烦恼时也会跟她倾诉。她跟我有差不多的经历，所以能够理解我的想法，并提出很多优秀的建议，堪称我的指导老师。

那次去高档餐厅吃饭，使我认识到，有时候我们花钱不仅仅是花钱，换个角度讲也许是投资。人生多去尝试，你才知道自己想要什么；多去更高的平台看看，才有机会接触到自己的“良师”。永远在一个圈子里转圈是不会进步的，人一定要去自己平常不敢去的圈子里看一看。

第三章

学习

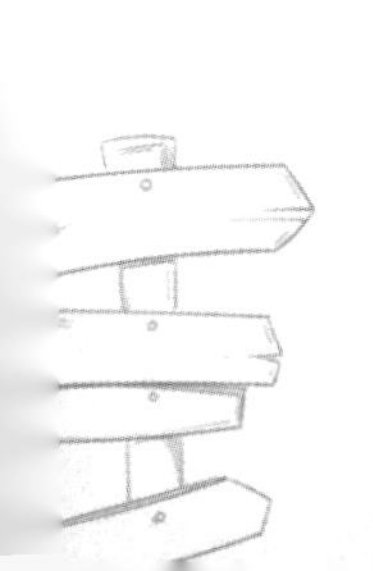

留学日志：我总结的学英文最好的方法

不知道有多少人觉得自己英语学不好是因为没有语言环境，到国外住个三年五载就自然而然能学会了。

错错错！以前我也这么认为，觉得自己出国留学后会结交很多外国朋友，会更多地接触到对方国家的文化，会变成一个从思想到做派都非常西化的人，语言自然而然就能学会了。但结果并不是这样的。就我的观察，大多数刚刚到国外生活的人所遇到的文化碰撞，就好比在白瓷盘子上添彩、绘花似的，都是点缀，属于熏陶和感染范畴，想完全融入进去很难。

有一阵子我查找论文资料，看到一个调查报告说在美国生活的中国人和韩国人英语水平很低，要远远落后于其他国家的人。

看到这个结论我颇为惊讶，因为在我的印象中，经历过国内高考淬炼的孩子，整体上英语不可能会那么差，排在那么多国家后面。后来我结合自己的生活经历慢慢发现了为什么会产生这种现象。

以美国为例，纽约光唐人街就有三个，法拉盛的商场和街道，随便一家店走进去几乎都是中国人（华裔）在经营，普通话、广东方言是比英语更通用的语言。有些人一辈子不懂英语，只要不出华人圈子，一日三餐、看病、购物、买房，在那里生活完全没有问题。

反过来讲，假如我不是中国人，我是从乌干达、肯尼亚等国家来的，说的是斯瓦希里语，到了国外能找到会同种语言的人比较少。国外使用的各种网站有自己本国语言的也很少，所以为了更好地生活，只能苦学英语。而中文经历了几千年的演变，丰富和强大程度较英文更盛，而且我们国家人口众多，遍布全球，在哪里都能找到老乡，都能说上话，都能吃上饭，所以就会依赖于自己的母语，相对于学英语就没那么用功。

想要英语学得好，英语学得地道，我们还是要花一些功夫的。我在国外学习和生活的这段时间，总结了一些学习英语的方法。

在留学生活中，我发现学英文最好的方法，不是去请外教，也不是看电视听广播，而是去逛街。就拿逛超市来说吧，超市英语真的帮我打开了新世界的大门。

我喜欢吃面包，以前只知道它叫 bread，白面包是 white bread，黑面包是 brown bread，最多再知道羊角面包叫 croissant。但是去了超市和商店我才知道，长条面包在没切之前叫 loaf，切完叫 toast，夹汉堡的那种叫 bun，飞机上发的小圆包也叫 bun，中间有个洞洞的面包圈，硬的叫 bagel，软的叫 doughnut，比较硬的面包也就是法棍叫 baguette，平底锅煎出来的叫 pancake，煎出来压出花纹的叫 waffles，表皮有裂纹的酵母包叫 tiger roll，也叫 dutch crunch，菠萝包叫 pineapple bun。

面包吃得多了，单词量就上来了，很多衍生词也就出来了。比如 breadwinner 是指养家糊口的人，bread and water 指的是粗茶淡饭，bread and butter 是指生计和饭碗。

造个句子“Writing is my bread and butter”，翻译过来就是“码字是我的饭碗”;“The bread always falls on the buttered side”，字面意思为“面包总是涂了黄油的那一面掉在地上”，也可译作“祸不单行”。是不是一下子掌握了很多的单词及用法?

我刚到英国时有一次出门买日用品，一抬头发现好多高楼上面贴着“TOLET”，偏偏那天太阳又大，我眼神不好，心想这怎么满大街都是“TOILET（厕所）”。一直走到跟前才发现原来是 TO LET（招租）。而在那之前，我一直以为招租应该叫 for rent，差点出了洋相。

超市也好，街头也好，学到的英文都是生活所见，那如何在课堂上更好地学习呢?

上课的时候我会坐在离老师近一点儿的座位，然后用手机将老师讲的内容进行录音，之后插上耳机反复听。走路听，吃饭听，睡前也会定时播放。然后将听不懂的专业词语打印出来，反复地听，反复地练习发音。听的次数多了，就能熟悉英语发音，慢慢就会融会贯通了。

还有一个好的学习英文的方法——读小说。从浅显的幼儿绘本读起，然后不断升级。不要小看阅读儿童绘本，英国小学生词汇量也有1万多，而且我发现里面有很多词汇和描述事物的句子非常常用，在生活中经常会用到。读得多了就可以提升难度，阅读中高阶的小说。中间遇到不会的句子和单词，不要停下来查看词典，可以结合上下文情境去猜。记得我啃到第五本中等难度图书的时候，突然就有种开窍的感觉，有些单词和句子哪怕我不认识也不妨碍我理解整个段落的意思。

如果不希望忘掉学过的单词，或者一说英文就卡顿，那最好的方法就是把阅读小说改成高声朗读小说，也不需要读很多，每天阅读一点就好了。那时我最喜欢的儿童读物是《夏洛特的网》（*Charlotte's Web*，讲蜘蛛和小猪的友情的书）。这种儿童读物朗读起来既有趣，难度又不大。

最后再讲个关于英语口音的问题，相信我，口音真的不重要，至少没有你想得那么重要，你讲的内容远比形式要重要，在培养口音前要先能把内容讲出来。我在国外的课堂上经常会见到有些同胞，为了能让自己的发音听起来更纯正，把所有的精力都放在了矫正口音上，但在实际学习上花的心思特别少，所以往往讲不过三句，就接不上了。

不仅是学习语言，学任何东西，我们都是为了使用它，让语言这个技能为我们服务，所以将你所学的东西能用到生活中才是最有价值的。

课程的学习方法：先做完，再做好

我在英国和新加坡都有过留学的经历，于是很多留学生或者准备去留学的学生会经常问我如何更高效地学习以及针对性的学习方法。我在留学期间比较好的成绩是有一个学期，除了一门课程的考试成绩为 A，其余都是 A⁺。这也让我在总结国外学习方法上更有信心，至少证明那些方法是有效的。

其实在国外和在国内读书的时候方法差不多，只是比国内上大学和研究生的时候还要再烦琐点，课前预习、课后复习，特别是对你不擅长的科目，一定要多做准备。

因为是用另外一门语言进行授课和学习，如果你不提前做功课的话，一节课几十张 PPT 可能很快就会讲完，重点地方甚至一两句话就带过了，你一定会很迷茫，跟不上不说，而且还根本分不清哪里是重点。

因为经历过这样的残酷场景，又不像别的学生一样可以把iPad和Onenote(电子记事本)用得特别顺，所以我都是用很老土的方法，课前把课程的PPT都打印出来，事先了解一下这节课的主要内容是什么，有哪些观点，整体框架是什么。

如果涉及了专有名词，一时理解不了的，我也会去查一下中文的意思。这个习惯不提倡，但这是一种效率很高的方法，因为有时候，某个经济学名词或者理论，你中文听说过，甚至一说出来就秒懂，但是如果换成外国单词，你就完全不懂了。

当对PPT上的内容大致理解了之后，在不理解的地方用铅笔打个问号，这样上课就有重点了，知道哪些必须要听。一般课程上到一半，或者快结束的时候，老师会问还有什么问题吗，这个时候，如果你的疑问没有解决，就是发问的机会。千万不要害怕，也不要担心你的英文不好。

我在英国的时候，遇到大批的印度人、巴基斯坦人，讲的英文真的是完全听不懂，甚至有时连老师都听不懂，但这并不耽误人家自信地侃侃而谈。你要想，在国外读书学费那么贵，细分到每一节课上价格都不便宜，所以千万别想着混过去，老师们都是收钱教课的，所以也没什么怕丢脸的，没搞懂就问懂为止。

我们既然交了学费，来听课当然就要有收获，通常老师答疑完毕之后，为了避免复习的时候又忘了，我还会在旁边注上一个例子，以帮助理解。有时候，因为赶时间都是中英文夹杂着记的，这样的好处就是，一看到例子就能马上联想到当时的情景，帮助加强记忆。

读研究生的时候，我还有个心得就是，一门课刚开始教的时候，老师会上传它的 Outline，相当于是一个教学大纲，一共有几节课，每个章节讲什么内容，什么时候要交作业、交论文、交小组作业、期中考试、期末考试等，都会标注得清清楚楚。我一般都会把它打印出来，交作业的日子都在日历上标记好。

等到复习的时候，对照着这个 Outline 在脑海里建立一个宏观的地图，就像股票复盘一样，在脑子里过一遍。

这种方法能节省不少时间，还能提高学习效率。如果是闭卷考试的话，英国的学校网站上一般都能找到历年的考卷，打印出来分析一下就可以摸索出考试重点了，甚至有的时候能考到原题。

讲完了上课和复习，接下来最重要的是做好复习计划和时间管理，我是真的不喜欢玩到马上就要到论文截止日期了，或者马上就要考试了，才开始拼命地熬夜通宵干，然后再发个朋友圈显得自己很努力。那样既伤身体，成效也不好，我喜欢提前做好复习计划，按照计划来完成每天的复习进度。

在复习的时候，专注度和效率很重要。我在处理工作上的事情时会严格按照自己的计划执行，不弄完就不上床睡觉。只要躺在床上就立即睡觉，坐着的时候才玩一下手机，时间长了，你的身体会形成记忆，躺下就能睡着，而不是一躺下就习惯性刷手机。

如果是去图书馆复习，我通常不带任何电子设备，带个保温杯，或者在楼下小店买杯咖啡帮助提神，剩下全是复习资料。复习完一小时，就起来走走，去门口吹吹风，呼吸一下新鲜空气，然后再回去继续学习，效果会好很多。如果哪天能提前完成当日进度，我还会去健身房，在跑步机上流汗，这样可以帮助转移注意力，消除压力。脑子用多了的时候，就用身体去平衡一下，一举两得。

国外的学生相对于国内的会更加独立，除了上课，其他时间都是自学为主。国内的老师上课会告诉你考试重点，但国外老师大多数是不会的，他们会提前把课件和额外阅读发到网站上，上课只讲 PPT 上的内容，课本是你要自学的，懂了还是没懂都是你自己的事情，老师和同学之间的交流主要通过邮件来沟通，尤其是疫情期间，我就没见过几个老师。

讲完了学习和复习方法之后，接下来讲讲避免不了的写论文。国内外的论文是不同的，国内通常为毕业论文而国外不同。这方面是我的强项，因为我摸索出了一套写论文的“七步法”。

第一步，交作业前三周开始积累素材，没错就是要这么早，很多老师甚至开学第一节课就会告诉你考试形式是怎样的，作业是什么，你应该怎么做。上课时他们特别强调的点，很可能就是作业需要写的地方，所以你一定要提前准备，一听到跟作业有联系的点，就随手记下来，之后可以成为素材，当积累到一定程度后，提笔时就不会觉得是难事了，所以一定要提前做好准备。

第二步，交作业前十天写大纲。国外的论文虽然每个老师要求的格式不同，但无外乎引言、三段论点，此外还有结论等内容。这时候只要把引言、三段主体观点的中心句大致写出来即可。一两个小时就足够了，而且不需要写得很完美，因为你后面可能还会有新的想法，肯定还会再修改。

第三步，和老师沟通，写好大纲后可以预约老师的咨询时间讨论一下你的论文。记住这点很重要，如果你之前的原始大纲没写对，这时候老师就能把你引回正道，甚至给你更好的思路和启发。

用邮件预约就可以，国外大学老师都有固定的咨询时间留给学生讨论学习，你只要发邮件，大部分老师都愿意帮你，所以放心大胆地预约，还能给自己攒印象分呢。因为就算他不会手把手教你写，但如果你大致的框架按照他说的来改，那么成绩一定不会太差的。尤其是想拿高分的学生，提分效果最明显。

第四步，交作业前一周就开始动笔。具体怎么写，每个人的方法不同，在此不赘述，但我一般都是先把主体部分和总结部分写好，引言部分最后写，因为很多老师改作业，他主要就看你开头的部分，看你研究了什么，想说明什么，结构是否清晰，想解决哪些问题，这些都涵盖在开头的引言里。好的开头等于成功的一半，所以要放在最后精心打磨。

第五步，交作业的前三天，预约学术顾问帮忙修改作业。据我所知，正规的国外大学都有免费的学术咨询服务，在写作中心就有，但很多学生都不知道，也从来没有用过。其实只要花五分钟上网预约，再加上一小时跟学术指导一对一会面，会有很大的收获，现在都是上网课，所以也都是以网聊为主。

这个资源一定要合理利用好，学术顾问是可以帮你修改语法、教你如何写主题句、如何写开头结尾的……还有，即使是做演讲，也可以去找他们，让他们告诉你哪里需要改进。很多学生出国读书之前，没有正规学过怎么写学术论文，跟着学术顾问学习，可以学到很多知识。

第六步，交作业的前两天，对着评分标准（Marking Rubrics）检查你的论文是否满足要求。这个评分标准几乎所有的老师都会提供，它的内容很具体，比如70～80分作业需要满足哪些内容，更高分的作业需要满足哪些内容。这个是获取高分的一个小捷径。

第七步，交作业之前再复查一遍。这一步重点检查语法、格式排版、错别字之类的基础性错误，格式上要标准，这样印象分会提高，如果想这一步省心一点儿，可以去买网站的修改服务。

上述七步法看起来麻烦，但其实真正花费的时间并不是很多，等于是把你临时抱佛脚的大块时间给稀释了，但效率很高，关键是能让你真正学到东西，并且扎实地提高英文写作能力。

最后再说一遍，自己写完的论文再检查一遍很重要，想要好成绩，就要克服懒惰和拖延的心态，提前一两天写好，交作业之前花一两个小时再检查一遍，很可能你的成绩就上了一个等级。

步骤虽然麻烦，但其实就讲明了一个道理：不要临时抱佛脚，把一个作业分成几块做，写大纲结构，花不了多少时间。休息时，或者刷手机时，偶尔冒出的想法可以用手机立刻记录下来，所以不需要带着压力去写，也不需要花费很大块的时间。

接下来就是写文章的正文，这个跟我写公众号文章一样，只要大纲列好了，完成了第一步，写起来就容易多了。一天写不完就下次接着写，给自己一些灵活度。

总之一句话：把大任务拆分成几个小事项，再一个一个地完成。先不用考虑做得好不好，先做完，再做好。

大脑当机时如何培养自己的专注力

我在工作闲暇时总会时常感觉焦虑，觉得自从毕业工作后就很少再有整块的时间了，以至于每天都在玩手机中度过。而每次玩手机后都有强烈的负罪感，并没有因刷手机而感受到快乐。我跟几个朋友讨论过这个问题，发现其实大家差不多都有这个问题。长时间玩手机，尤其是看短视频这种短小、不需要思考的内容后，会导致在工作和学习中无法集中注意力，大脑思绪非常跳跃和混乱，当学习内容过于冗长且复杂时，大脑好像时常会当机，自己根本没有吸收要学习的内容。为此有段时间我常常感到困惑，要如何提升自己的注意力。后来经过老师的启蒙以及自己进行调理之后，总结出了一些方法，在这里分享一下。

最重要的是坚持阅读。

这里的阅读不是指看电子书的碎片式阅读，而是看纸质书，每天阅读一点点，阅读可以锻炼我们的大脑进行注意力集中。当时我考完了雅思，离出国还有一段时间，我怕学的英文忘了，就买了几本英文原版小说看。

并不是走马观花地看，而是根据总页数，分摊到每天读多少页，遇到生词也不查字典，而是根据上下文自己去理解，这样不至于让阅读卡在一个地方，从而影响进度。我给自己制定了硬性规定：一页最多只能查三个生词。

小说可比枯燥的科研论文好看多了，当时我买的还是世界名著，大体内容中文版早就读过了，所以哪怕遇到生词，连蒙带猜也能了解个大概。因为晚上要发文章，白天还要工作，我就把固定的阅读时间安排在早上，起床后第一件事不是抓手机，而是看半小时书，然后再干别的事。

其实一开始也不习惯，老想碰手机，但强迫自己忍住。专心看书，就这样坚持了一个月吧，英语提没提高不清楚，我惊讶地发现，自己的注意力集中了很多，做事情也比平时更沉得下心来。后来因为写作需要素材，我又增加了一些中文书阅读，并且在读的时候关闭手机，排除一切干扰。慢慢地我发现，注意力越来越集中，而且思考也变得有深度而不是浮于表面了。后来到了国外学习，这个习惯也一直保持着。

国内外的教学方法不一样，国内大多是老师讲，学生听和记，这个互动其实是单向的，有没有真的听进去，听进去了多少，很难说得清。时间久了，容易造成一种错觉，觉得只有老师讲的才有必要学习，没讲的就不用。但是国外不一样，从幼儿园到中小学以及大学，不少都是没有课本的，主要依靠自主学习。

去社区或者学校图书馆借阅指定的书，自己读或者在家长的陪同下读，然后记录从中学到的东西，这是基本的要求。他们认为阅读是一种很重要的学习方法，甚至把阅读能力看作是智力的一种。

我在这里给大家的建议是：如果你现在想学习，但又静不下心来，不妨从简单读书本开始；如果你的注意力不够集中，不妨找一些有趣的课外书，从阅读训练开始，先培养这个学习习惯。

我在新加坡认识的同事里有一个是移民过来的，她想让孩子读这边最好的小学。但是这种传统名校，普通家庭的孩子很难进。但也不是说一点办法没有，这里从小学三年级开始有个天才班的选拔——GEP 考试，考数学、英文和逻辑。两轮筛选过了就可以进天才班，用特殊教材，提前教课，提前高考。如果能考到全国前十名，就可以拿总统奖，这个会被记录在终身档案里。毕业后考公务员、找工作，都会优先考虑，含金量很高。

那个同事家的孩子就在天才班，而且成绩挺好，那她的孩子是如何进入天才班的呢？她的孩子连补习班都没有报过，也没有请家教，而是从三四岁开始，妈妈每个周末都带他去免费的图书馆，看书写作业。

周末两天都会泡在图书馆里，小孩子自己拿书读。进了天才班之后，一开始不适应，成绩排过倒数，但慢慢适应一阵子后，成绩开始逐步上升。

这说明什么呢？说明阅读能力提高后，很多东西就理解了，并且有了自己的思考。不管是大人还是孩子，长时间的集中阅读会让你的注意力集中，并且使大脑更灵活。

还有一个提高专注力的好方法，是我在英国的时候偶然的情况下学到的。

那次我因为记错了教室迟到了，我一路小跑到上课的教室，众目睽睽之下进去本来就挺尴尬的，加上跑步流汗，坐下来后一直静不下心来，哪怕是装作很认真听也不行，根本无法集中精力。

那个意大利籍的老师，课间时走到我身边，给了我一张白纸，悄悄地对我说：建议你现在不要想功课的事情，可以趁课间休息先闭上眼十秒钟，再睁开，拿起笔把脑海中想到的东西记下来，想到什么就记什么，想说什么就写什么，写关键字就可以。

我当时也是憨厚得很，她一离开，我就在白纸上乱写乱画起来，写自己笨，早饭弄煳了，然后影响了心情，拿课本出门时，扫了一眼墙壁上的课程表，结果看成第二天的了，导致我跑错教室，一边跑还一边想着好饿，中午吃什么……

我记得我中英文混用在纸上潦草地写下了一大串词汇，然后看着这张纸上的内容，过了也就两分钟吧，很神奇的事情发生了，我内心竟然平静了下来，注意力也回来了，再看黑板上的板书，也能储存在大脑里了，仿佛刚才胡乱写的过程把大脑清空和安抚了下来，马上可以进入学习状态。

后来才知道，这种方法属于冥想的变种。因为心烦意乱，注意力不集中，才无法专心做事。那么当务急要做的，就是赶紧把胡乱的思绪理顺，想到什么就把它倾诉出来，就像倒垃圾一样，把脑袋清空，然后腾出空间干下一件事。

这样浪费时间吗？不，一点都不浪费。

直到现在我还会使用这个方法，后来我还培养了一个习惯，每天睡前会花五至十分钟时间写随笔，不停顿地写，有的时候是记录灵感，随手记下下一次要写的文章的大纲或者关键词，便于第二天回忆；有的时候是写次日的计划清单，总之是在大脑要休息前，将一天的思绪和想法清空，时间长了会很有成就感，效率也能提高很多，睡眠质量也会提升，整个人也会变得轻松。

有的人可能写不出来，思绪很乱，根本提炼不出关键词，导致手写完全跟不上自己的思绪，这时可以试着用手机录音的方式，想到什么说什么，不要怕自己说出的话没逻辑，最担心的是不开口诉说。这种方法是非常可取的。

除了以上方法外，还有两个偏门的但可以提高注意力的方法：

一、适量喝水

成人每天喝水至少 1500 毫升，许多头痛都是因缺水引起的，身体供水不足也会导致大脑发挥失常。所以我一般在考试前，或者做很重要的事情之前，会试着喝点蔬菜汁或水果汁，适量就好了，喝多了容易上厕所，反而会适得其反。

由此延伸，就是饮食尽量健康清淡，早有蛋白质晚有纤维，少吃油腻的食物，因为油腻的很容易导致你犯困。

二、累了就立即休息

长时间工作和学习后，要立即睡觉，千万不要强撑，大脑在睡眠过程中会像计算机一样运作，还会自发地帮助加深记忆。千万不要带病用脑，这样不仅会对大脑造成损害，对后续的专注力也是很大的伤害。

重要的是不要后悔自己的选择

我不止一次被一些家长问过孩子今后的高考选择问题。今天想结合自己一路以来的观察和过去走过的弯路，给大家一些很诚挚的建议。

一、学校比专业重要

好的学校带给你的后续影响比你想象的要大得多。首先好的学校在一定程度上拥有更好的资源，师资力量雄厚，会有各种在普通学校参与不到的活动及共享资源。然后好的学校这块敲门砖相比于其他学校更有力度。国内的单位在招聘人才时有些会用“985”“211”院校毕业作为筛选条件，在不少HR眼中，这些学生更有能力、更聪明。因为在一场面试的情况下，很难能够立即了解到你的能力水平和专业技能掌握度，所以学校这一项会成为加分项。

其实不仅是国内挑学校，国外名校在研究生录取时更加挑剔，他们会有自己的后备学校名单，英国的不少学校就讲明了只招收“985”“211”院校的学生，还有一些名校在录取研究生时则要求非此类大学的学生平均成绩要在85分或者90分以上。是他们太势利了吗？不是。据说是通过入校后观察，发现这些学生在自学能力、适应能力甚至毕业率、就业率上都存在不少优势，然后才做出了这个规定。这里不是说专业不重要，而是说如果你有相对喜欢的几个专业，那一定要选更好的学校。

二、个人喜欢的、有发展空间的专业远比热门的专业重要

这是我观察了很久后总结出的教训，金融和计算机每年都是填报高考志愿时，学生优先选择的热门专业，但是如果不喜欢，不要去跟风，家长也不要强求。学不喜欢的专业就像和不爱的人结婚一样，做不到从心底热爱，就不会愿意付出心血和

精力，也就不会在奋斗中激发自己的潜能，只想着混日子，渐渐地人就麻木了。还有就是，不要觉得专业冷门就不愿意选，本科时读一些相对冷门的专业，到研究生时还可以再换。任何时候，你要给自己留个再选择的余地。当然如果还是不知道选什么专业好，那就参考以下几条建议：

一、选大城市比小城市好

小城市安逸有人情味，但它也有不足，主要差在机会上。小城市资源有限，“蛋糕”就那么大，遇到好机会太难。但大城市不一样，竞争机制相对透明，有能力总会有出头的时候。在观念上，小城市的父辈很多思想比较保守，觉得孩子进体制内是最稳定的。实际上，越是看似稳定的工作越是危机重重，因为安逸会让生存能力变弱。时代在变迁，国家在发展，最靠得住的首先是持续学习的态度，其次是认知世界的热情，最后是能持续产生现金流的能力。

二、高考不是终点也不是唯一的途径，它只是一个起点

很多人会觉得人生是有“终点”的，没上大学的时候，觉

得考上大学一切问题都解决了，毕业后发现实际情况并不是这样，然后觉得找个能赚钱的工作就轻松了；没钱的时候，觉得能有几百万就不用奋斗了；没房子的时候觉得有了房子就万事大吉了……这都是很懒很傻的思想，人生哪有什么一步到位，都是边历经磨难边享受啊。

三、无论你选择什么专业、什么学校、在哪座城市，都要时刻保持学习能力

不管是进了哪所大学，都要靠自学，在学校里自学，毕业后还是要自学。学习的能力，是一种很重要的能力，不是说你拿了毕业证之后就不用奋斗了，而是要坚持学习。不知道你发现没有，那些偏重专业知识的人，比如医生和老师，隔三岔五就要去学习，尤其是医生，仪器更新换代非常快，不学就意味着落伍。所以要时刻保持学习状态，不断进修。

关于学习这件事，我印象最深的，就是老家有个亲戚在北京做的手术，后来要拆线了，他们本不想再去北京，想在老家的医院拆线，结果医院说拆不了，因为使用的是新型的缝合技

术，老家医院拆不来。

我当时听到了就觉得，哇，还能这样！

四、如果你家不属于富裕家庭，那建议选择技术类的专业

为什么呢？因为技术性强的专业，选择的余地要大得多，因为技术是相通的。比如你学了自动化专业，转去做计算机专业是比较容易的，实在做不了也可以去做不需要技术只需要体力的工作；但是只做体力工作的人想转去从事计算机这种技术行业的工作就没那么容易了。

也就是说，如果你不是技术专业出身，想去做技术，就得从头学起，不管是时间成本还是金钱成本都花费得更多。

而且我一直坚信，有一门可以握在手里的技术什么时候都可以养活自己，前提是要不断学习，与时俱进。

五、永远不要因为自己的选择而后悔

人生就那么长，每一天都很珍贵，不是用来后悔的，而是

用来蜕变的。后悔是最没有用的，你可以反省，可以吸取经验，但后悔只会挫败自己以往的锐气和判断。要记住，我们永远都要向前走、向前看。

留学经历：打开人生宽度，丰富人生阅历

自从我出国留学后，有很多家长和朋友会向我了解一些关于出国留学的相关问题，例如如何择校，选择什么专业，毕业后的就业前景如何……我在出国留学前也有很多的担忧，除了学校和专业方面，更多的是担心毕业后的发展，是留在国外还是选择回国；如果选择回国发展，自己的留学经历以及所取的学历证书是否有一定的含金量，国内经济发展迅速，自己会不会跟不上发展……要考虑的问题很多，导致留学前一度有些焦虑。

不论是生活中、工作中还是学业中，遇到的问题都需要我们自己去解决，自己做决定。所以到底要不要出国读书，出国读书的价值在哪里，要看个人的权衡。根据我个人的经历来

看，留学的价值至少体现在四个方面。

一、接受不同的文化教育

西方的教育制度和我国的教育体制有很大的不同，有人说我国的教育制度更倾向于应试教育，国外更倾向于素质教育，这种说法我觉得是比较片面的。不论是素质教育还是应试教育，并没有孰优孰劣，只是方式和侧重不同。素质教育虽然能让天赋者更容易被看到，但也会使普通人更容易趋于平庸；应试教育虽然能够最大程度上公平地给大家都提供教育机会，但也免不了会扼杀一些人对学习以外的其他兴趣爱好。不论哪一种教育，都在于给予人启发，引领人前进，所以在家境可以提供一定的经济基础的情况下，能够出国留学，多一份求学经历并非不是一件好事。

二、避开制度成本

高考也好，考研也罢，在维护了公平和效率的同时，也产生了不可忽视的制度成本。以考研为例，一场考试决定一切、每年只能报一个学校、热门专业竞争过大等特点给考研增添了巨大的压力，而动辄两三年的时间成本，也使不少对读研兴趣不大的学生感到焦虑。

因此，对很多人来说，选择出国留学，多一段丰富的人生经历，未尝不是一笔划算的买卖。

三、选择更适合自己的赛道

国外的很多学校为申请制，而国内大部分的学校为考试制，两者侧重点不同，就会出现有人适合申请制进入大学，有人更适合考试进入大学。有很多考不上“985”“211”等学校的学生，但却有机会可以申请到海外名校榜前五十的学校；也有不少学生申请不到海外名校榜前五十的学校，但在国内却可以进入一个非常不错的学校。所以说，个人的能力不同，选择也不同，去国外留学也是一种选择。如果你在这条赛道上使不上力，那就换一条赛道。

出国与否终究只是个人选择，不存在谁比谁更有优越感，谁比谁更聪明、更有能力。随着经济的不断发展，对各类不同人才的需求也逐年增多，仅凭学历这一项定终身的时代早已远去。但是趁着年轻，还是应该去更大的世界闯闯，多番尝试，探索教育的真正价值，然后静待时变。毕竟有希望，才是人生最美好的事情。

四、政策红利

这个主要指针对留学生的一些福利政策，比如北京、上海等城市的落户问题，深圳、杭州等城市的人才津贴福利。有的人会因为当地的一些福利政策而选择去国外留学也是可行的。

这里也多讲一点关于大龄留学的看法，我个人的建议是，如果有出国留学的想法一定要趁早。切忌犹犹豫豫，考虑了一年又一年，学费一年比一年高是个问题，年龄越大牵绊越多也是个问题。

首先就是心理落差的问题，尤其是工作好几年小有成就的，在公司还算个小领导的，到了异国他乡脱离一切人际关系，突然成了学生，而且面对的可能是比自己更优秀、更年轻的同学。如若在小组作业中受到人家的批评指正，落差肯定是有的。

其次就是学习能力的退化，和应届生相比，你脱离学术环境好多年，一下子要回到那个状态比较难，以前学的知识早就忘光了。这时就不光是能力问题了，体力也是个问题，二十多岁时熬夜写个论文几乎是常事，三十多岁可能身体就吃不消了，比刚毕业的年轻人状态会差好多。

同时，出国留学就意味着脱产，一边是大量花钱，一边是放弃现在的薪水，算起来，经济成本加上有可能升职或加薪的机会成本，差不多等于失去了双倍的钱。也许出去几年，国内经济市场大改变，行业风口换了又换，回来搞不好起步比出国之前还低一些呢。

年龄越大牵绊也越多。有的可能已经结婚生子，有的可能父母年岁已大，这些都是学业路上的牵绊，导致你很难下定决心。总之，年龄越大，生活中琐事也越多，无论是时间的管理还是金钱的分配，学习都难免被越挤越靠后，所以一定要权衡好，尽早决定。

不过，只要你有恒心、有毅力、有想法、有冲劲，这些都不是什么困难，在哪里生活都会过得不错，再往前冲一把，结局肯定不会太差。

最后，讲一点我在国外读书和兼职时学到的令我受益匪浅的两个重要的能力。

一、辩证思维的能力

要学会质疑权威，学会批判性地看问题和反向思考，这会让你的思维有很大的提升和扩展。国外的课堂氛围很轻松，对于老师所讲解的内容，如若有不同的理解或见解，都可以在当下说出来，老师很喜欢和学生共同讨论问题。

二、讲故事的能力

英文里叫“Story Telling”，同样一件事你比别人描述得更好，讲得更有画面感、更动人，也是一种能力。因为在工作实践中，有一个关键的环节就是沟通，有“ Story Telling”的能力会让你比别人更容易被人看到，更容易得到机会。

对比一下国内外的企业家，你会发现，国外的一些比较知名的企业创始人都很会讲故事，很会演讲，很会让别人信服他，比如乔布斯，比如马斯克，演讲增加了他们的可信度。

以上就是我从自身经历来谈的对出国留学的一些想法。我一直坚信，多经历，多去尝试，会打开人生的宽度，丰富自己的阅历，拥有不同的机遇。

第四章

争取

不要让别人成为自己贫穷的借口

我在新加坡的时候，认识了一位让我很敬佩的大姐姐。

这位姐姐早年毕业于国内的某大专院校，毕业后去了一家合资公司做文员工作。工作期间经人介绍认识了一名名校毕业生。她很喜欢智商高的人，因此哪怕男生家境很差，她还是一咬牙嫁了。

婚后受丈夫的影响，她一边工作一边进修，拿到了我国澳门地区的一个进修学位。后来丈夫去新加坡深造，她就辞职跟了过去。再后来又觉得不能只待在家里无所事事，于是又读了一个其他学位。之后丈夫得到了一个很好的读博机会，于是举家迁到加拿大，那时她已经将近三十岁了。有人劝她赶紧生个孩子，毕竟加拿大的婴儿和妇女福利很好，也有人建议她去打工，全力支持丈夫深造，这样丈夫成功留校了，她就是教授夫人了，是全家的功臣。

那段时间她很纠结，找工作也不是不可以，但是想要找到技术含量高的专业性工作并不容易，如果是纯体力活，她又觉得实现不了自身价值。

难道这辈子就这样了吗，就只能靠丈夫养了吗？

考虑再三后，她决定在丈夫所在的大学重新从本科读起，读一个她真正感兴趣的专业，但如果本硕一起读，至少要花费五年。别人都觉得没有必要，她自己也有些拿不定主意，关键时刻，丈夫告诉她："你喜欢的事情就去做，家里有我顶着。"

毫不夸张地讲，那时候他们真的是一穷二白，但她对自己说："我一定不会过得很差。"因为中国人骨子里就很勤劳，他们又很务实，不安于现状。

主意一旦拿定，接下来就是执行了。说起来容易，做起来却很难。生完第一个孩子后她就去读书，经济来源都系在丈夫一个人身上，她要在照顾孩子的同时兼顾学习。

这样的日子一坚持就是五年。五年后，她以精算专业一等荣誉毕业，拿到了本科和硕士学位。毕业后她积极投身到工作中，但也没有停止学习，开始研究投资方面的知识。

人生虽漫长，但关键之处只有那么几步，不管是在家庭里，还是在事业和投资上，都是这样。

经过多年努力，她攒下了一些钱，投资了一些商业地产，增加了家庭收入。目前她的家庭收入来自三部分：工资、个人小公司的利润、房租净收入，这些收入加起来虽然不足以每年一次性付清全款去投资买房，但她有三个独立房屋，因为买得早，房贷已经还完。每年 4 月份报完税，她就会和贷款经纪人联系，咨询一下如果投资买房的话，今年可以拿到多少贷款额度，要支付多少百分比的首付款，贷款经纪人会根据报税表计算出来。

根据贷款额度、首付金额，她再去有针对性地寻找适合自己的、负担得起的房子。值得一提的是，她从来不会一次性付全款去买房。

她买的房子也不只是在多伦多这样的大城市，而是根据城市产业灵活地购置房产。比如看一个大学城有几万名国际留学生，她就投资学生公寓；一个城市以养老为主，就投资一些老年公寓；如果是工业城市，就买一些工业厂房或者商业地皮。以房滚房的关键词就八个字：因地制宜、地段为王。

国外的房产主要是占地大的独立屋，和国内的市中心公寓有很大不同，但投资上依旧有相通之处。比如，她比较看重房子的地段、景观和结构布局，因为这些是硬件，房子本身老旧或装修过时等则是软件，软件很容易升级，但硬件基本无法改造。

所以如果是硬件很好、软件较差的房子，可以大胆购买，就算是房市低迷期，也不必太过担心。反之，软件很好而硬件差的房子，则不要买，这种房子，市场繁荣期看不出来它的价值，一旦房市变差，它们受到的影响最大。

她说在房价上涨期，要尽可能多地买房，而且是少付首期多贷款，最大限度地利用杠杆贷款，因为在国外，对房产贷款有鼓励政策。比如在新加坡，房产贷款的利息是可以抵租金收入税的，自住房的贷款利息则无法抵税。

所以如果有充足的钱，就先把自住房的房款付清，如果那个时候投资下一套房的首付不够，完全可以通过银行贷款从自住房里借钱，这个操作叫作“Home Equity Line of Loan（房屋净值贷款项目）”，利息很低，年息大概在2%至3%。举个例子，假如你的自住房目前市值250万元，贷款已经付清，家庭年收入有18万元，那么按照规定，可以拿170万元左右的贷款额。

这笔钱可以全额支付两套“Free Hold Townhouse（无管理费联排屋）”后出租，然后再利用这两套房子的租金和自己收入的一小部分去还170万元的借款。十几年后款项付清，而财产上则多了两套连栋房屋。

她说，一个人实现财富自由的方式一共有三种：一是继承，二是结婚，三是自我奋斗。

而她没有祖荫，第一种情况显然行不通；先生又是普通人一个，结婚时完全是裸婚，所以第二条也行不通；因此，只能靠自我奋斗，一起打拼了。虽然起步晚，但她自己最大的优势，就是勤奋和坚持，对生活有规划，而且敢想敢做。很多人比她条件好，但是不能坚持，或者只有想法却迟迟没有行动，时间久了，反倒落在她的后面了。

加拿大是锻炼人的地方，比起国内来，这里生活并不方便，没有人帮忙，家务事不分男女，反倒把每个人都磨炼成了生活多面手。男人下班就带娃、做饭、搞卫生，女人收工后打理院子、换水龙头、修家电，并没有明确的分工，认为什么活是女人该干的，什么活是男人该干的，这样对家庭和睦反倒很有益处。

由此可见，在哪儿生活都有利有弊，但只要有清晰的目标，不怕一时的困难，坚持不懈地走下去，总能到达理想的彼岸，尤其是为了家庭和孩子，再苦再累，都会不辞辛劳地付出。

普通人学好本专业的知识，提高业务能力，争取多升职加薪，然后学着储蓄、置办不动产，过得未必比一夜暴富的人差。因为提高业务能力，是在职业发展上的投资，硬性存钱和买房，是对时间和未来生活的投资，你第一年咬咬牙买下房子，第二年就不会乱花钱了，毕竟要还月供，而到了第三年你会不由自主地养成存钱的习惯。

再过几年，你就会发现，身边没买房的人，钱都不知道花到哪里去了，而你住上了自己的房子，房贷还了一小部分，房子还升值不少。

所以你买的不仅仅是房子，更多的是消费观念的改变，变得更加自律，更有动力。中国人安土重迁，比起没壳的人，你心里是安定的，脸上是自信的。

很多人从父辈那里接收到的信息是女孩子不要工作太辛苦，嫁个优质丈夫就可以了。用丈夫的成就来逃避自己的努力，是最偷懒也最要不得的行为。你就是你，不要拿他的收入和资历，来当作自己炫耀的资本。丈夫富裕了或者有地位，就理所当然地将其当作自己的成就，然后指点江山，教育他人该怎么做，这是不行的。丈夫优秀，你的目标应该是和他一样优秀，让他也为你感到自豪。

这位姐姐和同龄人最大的区别在于，她没有想着去嫁一个“好”丈夫来改变命运，也没有牺牲自己去成全丈夫，不管生活得穷苦还是优渥，她始终都很清醒。

真正的穷，穷的是斗志。安于现状或者经受不住诱惑，把金钱花在爱面子导致的消费上，而不是给自己的未来投资，那么你还没开始奋斗，未来就已经被花呗、借呗和信贷等消耗殆尽了。但是如果你有很好的规划，足够自律，抵得住诱惑，哪怕起点很低，终究有逆袭的时候。珍惜斗志，远离那些对未来不重要的干扰，然后按照选择的路勇敢地走下去，不要让别人成为自己贫穷的借口。

人生有低谷也挺好的

中学时我各科成绩都比较平均，用班主任的话讲，每门课程的分数都不拔尖，但每门也都不算太低。大学和研究生念的是经济和金融专业，出国后读的专业更是每天跟数学公式打交道，枯燥得很。小学时想过做战地记者，上学后想学考古，脑子里天马行空。

记得高考后的暑假，从来放养的爸爸突然很认真地跟我说："你要学个正经的专业，要有一技之长，这样万一以后丈夫不给力，家里你还能顶上。"那是对我特别震动的一句话，因为妈妈对我的人生规划，从来都是好好学习做个老师或者医生，然后嫁个好丈夫。

这就是他们思维的差异，母亲替我选择职业以好嫁人为导向，但父亲告诉我，职业是我最后的退路，万一丈夫不行，至少还能养活自己，前者是理想，后者讲的是现实。

爸爸的那段话几乎贯穿了我成年后的人生，我在毕业后找工作时会想，这算不算是一技之长，能不能养活自己？我的日子也过得特别努力，后来跨专业考研，换工作，学股票做交易员，做研究员，再到自己独立做账户，都会在灵魂深处反问自己。

股票交易也算是一技之长，但这个圈子里几乎没有女性，我学着用男人的思维做事，但内心深处还是个没长大的孩子，遇到困难经常会哭。好在人生比较顺，总是会遇到贵人。某次和一位前辈聊天，他说之所以肯帮我，是因为在我身上看到了他年轻时的影子，我们做事的风格，还有发脾气的样子都相差无几。他早早对现实做了妥协，丢掉了曾经的梦想，不同的是我比较倔强，宁肯什么都放弃，也要得到想要的东西。他是想做而做不到，所以与其说是帮我，不如说是帮当年的自己。

那一刻我明白，原来有上进心、想过得好并不是丢人的事情，你很努力地生活，看不惯的人认为你很有野心，但你要相信，会有人欣赏你的，所以做自己就好了。

我是个很有主见的人，基本上自己决定了什么就会去做。很多时候，父母有一个赞成，另一个就会反对，所以成长路上几乎没什么人可以商量，一边跌倒一边摸索。

2017年决定出国留学，是我人生中很重要的一件事情，那时的职业发展和情感状况都令我迷失了方向，我整个人很颓废，觉得自己很差劲，没有人真心爱我，工作很累不说还看不到希望，于是决定申请去英国留学。所在的学校处在类似于乡下的地方，下课后，我就会跑去湖边看肥鹅，去乡间看绵羊，还有田野里一望无际的草垛。慢慢地，人从用力过猛的状态变得松弛了，以前都是在奔波，在抓取，而那段时间，我的心态调整了很多。

出国学习一方面是对抗自卑，觉得自己不够好，想要进修，也弥补当年放弃港校的遗憾；另一方面，当时国内的同龄人不是在结婚就是在生娃，我不由得感到孤独，觉得如果现在不去，将来有了家，有了孩子，就再也去不了了。

在国外待了近四年，去了伦敦、纽约和新加坡，让我看到了快节奏的大都市是什么样子的，也过上了和以前截然不同的生活。在老家过的是衣食无忧的小日子，但出去就是穷学生，什么都要靠自己。我方向感很差，胆子也很小，但硬是靠着网络导航，一个人扛着两个大箱子，辗转多个国家。

那是一段特别低潮的日子，主要是心理上的失落感。家人都在国内，我不知道该怎么办的时候，唯一坚持的信念就是要争取学而有成后回国。

有一段日子令我印象特别深刻，那是我在新加坡的时候，病得很厉害，紧急入院做手术。我清楚地记得那天股票跌得厉害，群里还有一堆问询的人，我还有网课要上，但已经顾不上了，躺在病床上，忍着疼痛，我用插上长长输液针头的手一一在群里回复完，就被推进手术室了。

对了，手术之前的文件，包括风险告知书之类的都是我自己签字的。三个护士拿着一堆 A4 纸挨个问我："这个手术会引起某某并发症你知道吗？"我答："知道。"

问："手术可能会造成失血过多，引起休克昏迷等症状，你知道吗？"答："知道。"

问:“尽管我们会尽全力，但手术还是可能会有生命危险，这一点你知道吗？能接受吗？”答:“知道，能接受。”

回答完所有问题，不停地在每张纸上签字时，我的身体因为疼痛，抖得像筛糠一般，牙齿不停地打战。那时忽然觉得身边好像没什么人可以依靠。

手术恢复后期，可以自由行动的那天，我躲到卫生间里，顶着39摄氏度的高烧，坐在马桶盖上狠狠地哭了一场，仿佛这些年积累的劳累、委屈和压抑都释放了出来。

我是一个很不坚强、动不动就哭的人，却硬是独自面对了所有的事情，包括做手术。如果说爸爸只是希望我做个有一技之长的人，我想我已经超出了他的预期，因为在人生最脆弱的时候，我都是自己给自己兜底。

在卫生间哭完，我站起来擦了把脸，整理好心情，回去躺在病床上继续上网课。

还有一件事令我现在想起来都很难过。

我有坚持写文章的习惯，会把文章发在自己的微信公众号上，也会在平台上和读者分享近期股市的情况。后来有个人觉得我的分析不够专业，便在平台上嘲讽我、诋毁我。起初，我一度觉得是自己的问题，真诚地跟大家解释和道歉，甚至一度有些恐惧网络，不敢打开手机，整个人很焦虑。但我发现，攻击我的人的关注点并不在我的观点阐述上，而是盯着一个点无理由地攻击我。

问题是，这个人觉得用他以为尖刻的方式就能击垮我了吗？并没有。我焦虑了几天后突然冷静下来，一想到连手术单都是自己签的，又干吗要在乎别人怎么看我呢？于是他说我什么，我都不在意了。支撑生活的金钱是我一笔一笔交易和投资赚取的，知识和学位是我一次又一次熬夜换来的，就连我的读者，也是我一个字一个字写文章累积出来的。

我没有走捷径，也不是平地冒出来的，我是泥坑里一点一点爬出来的。

好在比较欣慰的是，攻击我的只有他一个人，被他影响的也终是少部分人，大部分都是通情达理之人。而且我发现一个很有意思的现象，喜欢看我写的文章的人，大多数都是事业和生活打理得不错的人，勤奋、努力、上进，又拎得清，这让我很是感动。

记得在一本书上看过一句话，说人生好的时候别想得太好，差的时候也别想得太差，你笑得太大声，就会把邻居吵到，然后烦恼就来了，烦得久了，快乐也会来，所以心态很重要。

人生嘛，跟 A 股的行情一样，有牛市就有熊市。有巅峰当然好，但如果多一点谷底也没那么差。好的坏的，只要是生活给我的，就都接受，顺其自然，一点一点往前走就好了。

沉没成本不是成本，
如何考虑后续的问题才是关键

有人曾问我，你学了这么多年的经济和金融，对生活有帮助吗？这就是大家的一个误区，认为经济和金融只能用在专业领域或者市场经济上，但其实经济思维一样可以运用到生活中去。

有一次我和同学去吃饭，不知道是食物做得不好，还是自己吃不惯，总觉得难以下咽。结账时服务员说最近餐厅在做活动，消费满一定金额会赠送同等金额的食物。一看我们消费的账单，离那个金额数只差几十元。

和我一起来吃饭的同学说："我们再点个甜品吧，凑个数。"

我想了想表示拒绝，主要原因是本来所点的食物就已经很

难下咽，及时止损是最好的选择，接下来的食物好吃和同样难以下咽的可能各占百分之五十，可在我对已经消费了的食物并不满意的基础上为什么还要为那未知的百分之五十的概率买单呢？于是我果断拒绝了。

这种情况很多，例如我进行过考察后才报的补习班，在进入一段时间学习后却发现根本不适合自己的学习进度和学业掌握程度，我就会果断放弃去上课。有同学跟我说，那你后面的课不去听，学费不就浪费了吗？可是这堂课对于我来说已经浪费了我所交的学费，为什么我还要在其基础上再浪费我的时间和精力呢？

在经济学上有一个名词叫沉没成本，指的是已经付出并且不可能收回的成本。比如你花钱买了个不能退货的产品，那么你已经花掉的钱就属于沉没成本。

生活中有数不清的关于沉没成本的例子，但我想说沉没成本不是成本。当事情还能改变时，就还有成本，但当事情无法改变，变得没机会了，也就没有成本了。

沉没成本意味着我们已经付出了，无法再做出改变了，那么这部分就没有价值了。所以做决策时，一定不要被这部分所干扰。

说起来容易做起来难，在一件事情上投入一定的成本，会让人有一种顽固的非理性心理，变得很不舍得放弃。比如追高了一只股，过了一段时间套住了百分之十,一想到亏掉了十分之一，就变得很痛，就觉得只要没割肉，就不算真亏损。于是一直拿着这只股，直到亏百分之二十，这时候又在想，亏十个点的时候都没有止损，这时候放弃岂不是很傻，说不定很快就回升了呢？于是又忍着，直到套住三十个点、四十个点……

再比如一对小情侣谈了七八年恋爱还没结婚，但感情已经变淡，而且性格和消费观念、生活方式等各方面也确实合不来。感情若继续走下去，也看不到改善的希望。这时女方往往会觉得已经耗进去那么多年青春，如果分了，岂不是白费了，而男方也会觉得一时半会儿没找到更好的，索性继续保持下去好了。就这样，不光青春搭进去了，搞不好后半生也埋进去了。

以上场景如果你也有类似体验，那么恭喜你，已经成为下一个经济学术语的典型案例：沉没成本谬误受害者。

沉没成本谬误，英文里叫“Sunk Cost Fallacy”，指的是生活中人们常常因为沉溺于过去的付出，而选择非理性的行为方式。一句话总结就是：倾注越多，放手越难。这个谬误让你无法意识到，最好的选择是理性地看待过去的投入，要着眼于将来的体验，而不是为了弥补你过去的损失。

那么问题来了，人们为什么会犯这种“为了一片树叶，而放弃整片森林”的错误呢？心理学上主要有三个原因：

一、一致性心理在作怪

人在心理上总是喜欢保持一致性，比如，你是某明星的死忠粉，觉得他演的戏特别好看，那么即使你对他的道德水平和私生活缺乏了解，潜意识里也会认为他人品很好。而从理性的角度看，一个人的演技和他的人品根本没有必然联系，但就因为一致性原则在作怪，才会让人把这两者等同起来。

二、侥幸心理的作用

比如前面提到的那对相恋多年的小情侣，其实俩人就是怀着某种侥幸心理，认为再相处一段时间，关系也许就能够改善。有的夫妻明明感情不好了，还非要生个孩子，甚至再来个二孩。觉得有了孩子就有了情感绑定，夫妻关系就能好起来。殊不知在一起七八年都无法改善的事情，后续再发生改变的可能性是很小的，因为性格这个东西，往往是年龄越大，可塑性越差，当然我们不排除因孩子的到来而增进夫妻情感的情况。而在炒股中，很多被高位套牢的人也是存有一种侥幸心理，觉得很快就能迎来反弹，然后一等就是五六年，等得黄花菜都生小黄花菜了。

三、损失憎恶效应

损失憎恶也叫损失厌恶，英文里叫“Loss Aversion”，意思是因损失而产生的消极情绪，要远远超过因收益而产生的积极情绪。

20 世纪 70 年代，有两个心理学家做过关于“损失”和“收益”对人造成不同心理影响的实验，他们发现，和收益的喜悦相比，损失对人的刺激要大上一倍。

反映到生活中就是，让你快乐过的东西，可能一转眼就忘了，但让你痛苦过的事情，你可能会记很久，甚至是一辈子。

炒股赚钱的时候，你会忘得很快，除非金额很大，但亏钱的时候会一直印在你的脑海里。

为了消减这种情绪，你往往会做出荒谬的事情，什么卖房炒股，借钱炒股，都不在话下，因为那个时候，人已经失去理智了。这种憎恶损失的情绪经常会被应用到商业忽悠和洗脑上。那种机会即将失去的恐惧和紧张，会让人容易冲动，做出后悔的事！

那怎么样才能避免这样的行为呢？答案就是先忘记已经支付的成本，把精力放在后续所要耗费的精力和带来的好处上，最后再综合评定。

多去面对不确定性，才有可能迎来好运气

我刚上大学的时候，上大课很是无聊，因此常常在课堂上做和上课没有关系的事。而坐在我附近的一个男生，每天晚上都会在本子上练硬笔书法，我上课发呆时经常会盯着他写的字看。

某天晚上我无事可做，便想着捉弄他一下，就跟他说："你把字拿过来给我看看，告诉你哦，我会识字算命。"男孩子一听，便把写的字递给了我。他的字写得细细长长的，跟他本人一样的清瘦，但整体很端庄，看得出来成绩应该不会差，至少凭这干净的字就能得到不少卷面分。我闭上眼睛开始酝酿。

要问我真的会算命吗？当然不会，只是上课无聊做个游戏罢了，但我之前读过很多心理学的书，略知一点点皮毛，想着糊弄糊弄他。于是我先是咳嗽了一声，然后故作严肃地定定

神，对他说："字体娟秀，每一行每一列，没有一处下笔错误，说明你这个人内心是很骄傲的，也很努力、上进，对自己有一定的要求；但你的字落笔很轻，没有力道，说明内心是迷茫的、孤独的，有些不确定性。"

他听完一愣，接着眼前一亮，连连点头让我继续说。我顿了顿，装作思考、探究的表情继续说："你的字头小脚大，收笔有力道，说明你是有自己独特的想法的，对未来的事业也很有野心……"等我巴拉巴拉说完，同学的眼神完全被点燃了，他不可思议地看着我，连连说："准！准！真的是太准了。"我擦了擦额头上的汗，松了一口气，心想总算应付过去了。

你肯定想问，既然是忽悠，为啥他觉得被你说中了呢？很简单，课上大家都在聊天就他一人在练字，肯定是"很努力、上进"的，而我们都是刚结束高考进入大学，开始大学生活，正在适应中，一时半会儿不知道接下来做什么，内心肯定很迷茫。至于内心独特、对事业有野心这个话术来自昔日的流行语，那就是：我就是我，不一样的烟火。

原以为这事翻篇了，做梦都没想到，第二天这个同学就把他宿舍的男生都给带来了，非让我给他们也看看。虽然我胆战心惊，但是我还是轻松地蒙混过关了，虽然说得不一定对，但他们也挑不出什么毛病来。为什么？因为我用的都是笼统的、模糊性的语言去描述他们的性格，比如内心善良，有好奇心，等等。而提出的问题多半是稍带一点负面的，也就是夹杂一点否定性，比如“你外表看起来阳光，但内心其实挺忧郁的，有很多心事”，此话一出，对方哪怕不信，也挑不出什么错误来。

为什么这么说呢？因为人无完人，我们不可能一直都正能量满格，而一旦被别人揭示出不为人知的负面情绪时，你会不由自主地顺着对方的话去想，觉得被对方戳中内心了，然后就会相信，觉得对方懂你。

这段“忽悠”经历让我明白了一个道理，那就是：明明是十分模糊且普遍的描述，适用于很多人，但听到的人都会认为是为自己量身定做的一样，给予高度的评价，也会按照主动验证的倾向去印证这些问题的真实性，觉得说的就是自己。

后来，我从书上明白了这样的心理行为叫作巴纳姆效应（Barnum Effect）。

之所以叫这个名字，是因为 20 世纪 50 年代美国有一个叫巴纳姆的杂技演员，他说自己的表演包含了每一个人都会喜欢的成分，所以人人都喜欢，都以为是为自己设计的。

这个效应被用在星座、血型、性格、命理测算等各个方面，也是江湖术士们喜欢用的把戏。

那么问题来了，到底有没有命运这事呢？有，但“命”和“运”是分开的，大多数人还谈不上“命”这么大的字眼，最多和运气有关。你会发现，很多有成就的人，在人生道路上的关键时刻，都有靠运气走出去的成分，勤奋、智力和学识都是基础，能不能实现跨越有时靠运气。

但怎样才能让运气好起来呢？

答案是多尝试。你要多尝试不同的事情，才能获得更多的运气，哪怕是买彩票，也要多买才有可能中奖对不对？

以炒股为例，那些赚了很多钱的人，也是走了很多弯路，做了很多尝试，才在运气来的时候，一把抓住，然后成功的。你要在能承受的范围内尽量地多去尝试，多去面对不确定性，然后才有可能迎来好运气。

比如年轻的时候，不待在安逸的老家而是去大城市闯荡，因为大城市行业多、不确定性强，你或许真的就有逆袭的机会。

运气就是基于不确定性产生的，我在以前的文章里也说过，富人和普通人很大的区别在于前者能接受不确定性，而后者害怕风险。不喜欢变，只喜欢稳定，一来二去，和运气就没什么关联了，总不可能你在家什么都没干，巴菲特就找上门来吧。

愿意冒风险，愿意多尝试，机会自然相对更多，好运的可能性就更大。

人生的美好之处就在于去经历、去体验不同的事物，获取从中带给你的成长，这些你自己亲身体验的东西是用金钱买不来的。要积极地去面对生活中的不确定性，多做尝试，这样才能迎来好运气。

第五章

突破

家境在成长中是否重要

我在新加坡学习的时候，有一次在律师楼处理事情时，遇到一个来办公证的妇女。她和她的印尼裔丈夫离婚，她 8 个月大的婴儿，分到的新加坡豪宅、巨额保险和教育基金加起来约值 1800 万新加坡元。这还不算一年 100 万美元的生活费，普通人奋斗三代都赶不上这个小崽崽拥有的零头。看着他坐在婴儿车里什么都不懂的模样，那一瞬间，我深刻体会到了家境的重要性。

家境很重要，首先体现在人的自由度上，换句话讲，就是家境好的，犯错了也不怕，失败了也不要紧，因为家底比较厚，回头路多，选择也多。你成绩好可以上最好的学校，拥有最好的资源，万一成绩不好，也可以一对一辅导，可以走特长生路线，再不济也能出国念书换个跑道，根本不用担心才华被埋没。因为但凡你有一丁点儿过人的天赋，家里都会想办法撬动足够的资源，帮你开发到极致。

而工薪家庭的孩子可以这样吗？当然不可以，家底太薄了，接触不到好的资源，你只能靠自己，考上好大学已经是很“出息”的了。

况且就算毕业出来了，也要抓紧就业，而不能先由着性子玩几年，因为家庭条件摆在那里，父母没办法给兜任何底，你没办法任性，更不敢试错，因为错一次，付出的成本太高了，没有第二次试错的成本。

家境重要的第二点体现在做事的动机上，这一点你不得不承认，富人做事情，有时候只会考虑喜不喜欢，一旦喜欢了就去做，做的时候往往还更专注。

而我们普通人就不一样，日常买东西都要考虑其性价比，更何况是做事情。哪怕是同样进了哈佛，富人家的孩子，可能因为热爱就一股脑儿钻到自己喜欢的专业里，但我们普通家庭的孩子可能要考虑的东西更多，在自己的爱好和生存面前踌躇不前，今后是继续深造还是赶紧进入职场挣钱，这些都是比较现实的问题。

家境真的很重要。但它是否就真的意味着一切？普通人再怎么努力，都比不上人家的先天家境优势吗？当然不是的。

我有个大学学姐，当年我们是在图书馆认识的，她很漂亮，家世也好。

我记得她念的是新闻专业，理想是毕业后进入自己心仪的公司，这是她在大一时就树立的目标，但是她心仪的那个公司，招聘门槛基本上都是研究生起，本科毕业生很难进去。

为了能实现理想，她几乎每天下课都跑图书馆，不是复习功课就是学外语，四年时间除了必需的实习，几乎从未间断过。

那时她就坐我对面，每天来得最早，离开得最晚，毕业的时候她同时拿到了加州大学和香港大学的研究生录取通知书，同时也是那届的优秀毕业生。

因为香港读研只需要一年，为了早日进入理想的公司，她毫不犹豫地选择了后者，毕业后如愿以偿进了记者站。

你说她的家境对她的人生有很大的帮助吗？当然有，出国的英语考试需要一笔钱，学费又是一笔钱，同时进大公司的各种准备和面试也需要花钱。这都是良好的家境带给她的帮助。

但你说她只靠家境了吗？并没有，为了实现目标，她付出了无比多的努力，而相比之下，家境不如她的同学，其中很多都忙着谈恋爱、打游戏，有的人考上大学就是终极梦想，根本不像她这样，本科只是梦想的起点。

你肯定要说，那还是她的父母不够厉害，真正厉害的家庭压根不需要这么努力，你错了，第一，你低估了社会的公平性和选拔机制，第二，你高估了家境的作用。

我在英国留学时有个同学，家里特别有钱，而她的学业之路，也确实让父母花费了不少苦心。成绩不够，就学艺术，最后靠特长生和少数民族加分进了大学，毕业后一对一跟家教学外语，花了十几万费用，最后好不容易出国去读研了。

但这孩子太贪玩了，在国外读书的时候让她父母也操了不少心。她跟我一起去土耳其玩跳伞，出发前竟然忘记了写作业，落地入境后收到学校的警告邮件才知道，把我整个人都吓到了。这在国外大学里是很严重的问题。

那她是怎么做的呢？她先是打电话给她爸妈，哭诉自己忘记写作业就跑出来玩，被校方发了警告邮件，最严重的后果可能会退学，问家里怎么办。

那时正是国内的午夜，她爸睡梦中接到电话被气得不行，连珠炮似的问她：去哪里玩了？连夜打车回学校行不行？再接着就是她妈妈的哭诉："你怎么这么大意呢？怎么连学业都忘了呢？你知不知道现在好一点的单位，学历都是硬指标，你成绩不好，怎么都进不去你知道吗？你让爸妈怎么办……"

最后没办法，我慌忙爬起来帮她一起弄作业，然后给学校写了一封诚挚的道歉信。

后来，这件事算是圆满解决了，这孩子第二天肿着核桃一样的双眼，哪里也没去，就窝在宾馆继续补课，因为她妈妈连夜给她找了个跨国私教。那个场景，让人不得不感慨：家境好的孩子也不能为所欲为，至少他们在面对并不热爱的学习时，痛苦程度和普通人家的孩子是一样的。

和她们相比，我出生在普通家庭，并没有很大的选择权，像我闺蜜家里至少还让她去学艺术和乐器，我们家只给了我一条道：读书。

小时候出去逛街，喜欢的玩具不论有多便宜都不给我买，但看上的书就可以，这种没有选择的选择，让我无形之中只能专注于学习和看书，以前不觉得，但长大后发现真的是巨大的财富。

因为我发现，哪怕你没有好家境能够给你提供很多好的资源，依靠学习还是可以走出自己的道路的。所以像我一样出生在普通家庭的孩子，有三条建议给你。

一、要好好学习和多读书，这真的很重要

家境再好的孩子，也要接受九年义务教育，也要想方设法念好学校，而如果你好好读书，完全可以在这方面和他们平起平坐，而且有的好学校还可以帮你省钱，会有相关的奖学金、助学金，有各种出国交流的渠道，遇到精英的概率也特别高，而这些都是你将来的社交圈，真实点说，也会是你的资源和人脉。

没有很多试错的机会，那就多读书，因为这是成本最低的

捷径。别人有家教，有父母铺路，没关系，还有很多很多的好书让你少走弯路。

我的很多经验和心得，都是从书里悟出来的，可能你当时不太懂，但长大一点，经历了一些生活的锤炼后再看，就会发现启发完全不同。

二、尽可能地早些为自己多攒一些资本，不要盲目照搬别人的生活

别人靠父母的钱深造或者创业，你可以靠自己攒；别人挥霍父母的钱去旅行，你也可以自己攒够了钱去实现。认清现实，知道自己要多付出努力才能跟别人一样，没什么不好的。

最不要学的，就是抱怨为什么别人可以轻松成功，可以上几万块的补习班，而自己却不行，整日抱怨命运的不公。也不要明明没那个实力，却非要学别人超前消费、冲动裸辞、在自己能力之外购买奢侈品。

三、不嫉妒别人的成功，也不抨击别人的起点

富家子弟确实有很多的选择和机会，也有很多的试错成

本，但这跟你没有任何关系，你不要在意别人从自己的家庭中得到什么，也不要觉得自己失去了什么。

你只要记住别人有今天，很大一部分原因在于家世，而你并没有，所以你不需要学他，也不用跟他比，你俩之间根本没有竞争。

不是说人家有奢侈品而你没有，你的人生就暗淡了，奋斗几年一样买得起；不是说人家进了大单位，你就没工作了，只要实力够强，你也可以进大单位，即便不进也一样能发光。

别人的存在，并没有夺走你想要的一切。真想去山顶，就得自己爬，至于别人是坐直升机还是坐火箭去的，这些并不是你要在意的点。

虽说条条大道通罗马，但有的人就生在罗马，而有的人，目标不一定是去罗马。每个人有每个人的路，去走真正属于自己的、适合自己的、努努力就可以到达的路！

走捷径这回事

想讲一讲令我印象深刻的三个女孩的故事。第一个是我在温哥华的朋友，在她爷爷当家的时候就举家搬到了加拿大。我这个朋友 UBC（不列颠哥伦比亚大学）毕业之后在普林斯顿大学做生物研究，瘦瘦白白的，很是秀气，她超级勤奋、自律，但忙起来也可以咖啡论壶喝。她爷爷是华人金融圈的资深人士，爸爸在纽约做了多年律师，人脉广，她却进入了和父辈完全不同的领域。我疑惑她为何没有在大树底下乘凉，她却说："我喜欢生物，以这个为终身职业是很幸福的事情。爷爷是穷人家孩子靠奋斗出来的，爸爸也是勤工俭学多年才做成律师的，他们能做到的事情，我觉得我也可以。"

第二个是我在纽约留学时的室友，我在很多的文章里写过她，上次我们一起聚会的时候，得知她已经辞去了摩根大通的工作。摩根大通的数据处理工作大多包给外面的人，她做得并不是很开心，本身对金融行业也没有多热爱，于是她去了一家国际知名家电公司在纽约的总部应聘，因为自我评估之后发现自己更喜欢销售类的岗位，喜欢和别人沟通。现如今那家公司给了她更明确的职业前景和三倍的薪水，感觉她整个人都变得开朗起来了。

从投行女变成家电公司的销售，虽然 KPI 考核全部门第一，但从父母的角度讲应该挺难接受的，毕竟他们家家境优渥，管理也比较严格，也有自己家的产业。但令我惊讶的是，她父母竟然没有任何反对，理由是年轻人多点经历总是好的，知道自己想要什么、适合什么就行，一切都由她自己做决定。

最后要说的这个是我最近特别怕她会联系我的女孩。我们算是老乡，毕业后她来杭州工作三年，觉得大城市生活压力太大就辞职回了老家，在父母的介绍下和一个家里有钱又是公务员的男生结婚了。原本是个灰姑娘过上幸福生活的好开头，现实却是她要离婚了。一问才知道是因为婆媳关系不好，婆婆本来就不太赞同这门婚事，觉得儿子可以找个更好的媳妇，或者门当户对的。结果可想而知，婚后生活过得并不顺心。

这原本是件应该去安慰的家庭事件，可是听完她的抱怨，我突然什么话都说不出来了。她说自己当初牺牲事业生儿育女做家庭主妇，老公和婆婆还不领情嫌弃她懒；她全心全意支持丈夫的事业却换来这个结局。没她漂亮的某某某，在上海都做到总监了，有房有车有自由，她要不是因为家庭拖累早过得比那谁好多了。

姑娘咱醒醒好不好？你放弃工作选择去做家庭主妇都是自愿的，因为嫁了有钱人感觉有了依靠，支持丈夫事业也是觉得老公带自己出去很有面子，再说口头支持也不费力。至于长得不如自己却做到总监的某某某，辞职去了大上海，吃了很多苦头才换来那么多单子和今天的一切，换成你还真不一定能坚持下来。所有的一切都是当初权衡再三做出的最有利于自己的选择，现在谈起来怎么就都成为为别人牺牲了呢？

有时候这三个女生的身影会一直在我脑海里晃悠，前两者家世很好，但靠自己一步步谋取好未来，第三个姑娘在生活中也很普遍。三个人的不同选择，涉及一个人生中很重要的问题，那就是要不要走捷径。比如女孩子不用奋斗，趁年轻嫁个好老公就可以了；又比如要找体制内的工作，稳定又安逸，一辈子都不担心失业；甚至连创业，都进入了一个怪圈，产品好不好不重要，投资方的钱先到手最重要……有些人信了这些话，觉得可以等到“白马王子”、可以等到“水晶鞋”，殊不知，这只是绚丽的烟花，是有时效的。

前两个朋友给我很大的启发在于：她们的原生家庭完全可以让她们选择一条更安逸的路，但她们却没有。常年待在实验室本来就是个辛苦又残忍的工作，而克服胆小的性格去家电公司的销售部从零做起想想都很艰辛，但好像没听她俩怎么抱怨。人生没有捷径，想要有个理想的结果就要踏踏实实地付出，并且乐观地面对。明白了这一点，便可以正视自己拥有的一切，懂得别人的永远是别人的，学习、内化和主动获得的才是自己的。

这些年我独自在外漂泊，见多了人和事，越来越发现，一个家庭给孩子最大的财富，不是巨额财产，而是很好的教育、观念和良好习惯的养成。父母都是爱孩子的，有的人表达爱的方式就是自己吃了很多苦才有今天，那么孩子就不要再吃这些苦了，他们只要安逸地走父母安排好的稳妥路就好了。这种带着强迫的爱其实是很累的，打着为你好的名义干涉你人生的一切。都说青出于蓝而胜于蓝，谁又能说孩子就一定喜欢这种安排呢？放手的话他们一定混得不如父母吗？

还有一种父母，靠着自我奋斗有了可观的一切，他们对孩子的希望就是：我知道怎么样才能成功，那我就把成功所必备的素质和优点传授给你，这样哪怕有一天家里一无所有了，你还是可以自食其力。

前一种叫财产继承，后一种更像是财富的传承，把无形的财富传承给孩子。成功的事业可能不一样，但成功人士身上的优点肯定有共性，你有了这些共性，至少不会差到哪儿去。

我那个老乡妹子最大的问题，不是没有认清现实，而是她在需要奋斗的年纪，过早地放弃了努力，选择了一条觉得轻松容易走的路，等明白了这一点，接下来的选择已经很少了。每个人都有惰性，都喜欢稳定安逸，但这个对年轻人来讲是一个陷阱。在某种意义上，你喜欢的这种安逸是条下坡路，你无法一直维持它的水准，因为时代变化太快了，你不向前就只有退后，甚至无所适从。人都是会变的，不要把现在的情况当作永远，没有永远稳定的工作，也没有领了证就一劳永逸的婚姻，万事皆有终，该经历的风浪一个都不会少，那个时候你要应对的种种，远比选择捷径之初要复杂得多。

人都希望选择一条容易走的路，事实上能够给人带来改变的恰恰是那条难走的路。因为它难，你才会为了克服困难调动出最大的潜能，因为它是上坡路，你没有东风可以借助，只能踮起脚努力去接近那种生活，但是一路坚持下来了，其实也并没那么难。以前我有机会去香港读研，当时觉得在上海都不一定活得下去，去香港更难，所以就放弃了，结果懊恼了很久。

所以，如果以后再迷茫不知选哪一条路走的时候，那就选机遇最多的吧。打怪兽的过程也是自我升级的过程，你的潜能远远比你对自己的感觉靠谱，而你躺在那里，是不会有人把世界给你的。不仅不会给你，时代抛弃你的时候，连招呼都不会打。

打破圈层和敢试错这两点，就已经能赢很多人了

我在私底下常会参加一些论坛，去接触一下自己不熟悉的领域，了解一下市面上的项目，以及目前各领域的运转模式。

有一年，我在一个并不感兴趣的论坛上认识了一个宝妈，被她的人生经历和精神状态所吸引。她讲述自己结婚后，不甘心自己的生活只围绕家庭转，不想过可以预知的生活，于是借着孩子上学的工夫，去伦敦中央圣马丁学院读了艺术学的硕士，之后又去哈佛进修商业管理。在读书期间，做小组作业时，很偶然地接触到了区块链和 AI 等方面的专业人士，对这些领域很感兴趣，于是决定重新创业，主打有机食品的区块链应用。

她还说自己以前在多伦多大学学过一年的数学和计算机，

觉得太难才改学的经济，这回创业，为了对项目了解得更深更专业，她从头开始学，现在已经能够写一些简单的代码了。她英文说得很流利，桌签上只显示英文名安妮娜，但直觉告诉我，她很不简单。我上网一搜，果然她是某著名银行家族的孙媳妇，已经年近四十岁，是三个孩子的妈妈了。

为了兼顾好事业和家庭，她在创业时经常要把孩子们哄睡后才开始工作，在深夜和合伙人开视频会议、聊方案。

大儿子考试季和小儿子面试新学校期间，正值她哈佛课程后半期，周周有测验，月月有考试，感觉整个人都要崩溃了。但她还是坚持了下来，因为她知道虽然目前很辛苦，但是如果放弃的话，就会回归到自己原本的生活，而自己不正是想逃离那种生活才选择现在这条路的吗？事情不做的时候是最难的，做了，就不难了。

现在孩子放假，出差时她会尽量带着，有时候是直接带到现场，她想让孩子知道，以后上什么学校，从事什么工作都不重要，重要的是态度。只要你知道，为自己学、为自己奋斗是一件很棒的事情，值得坚持，那么你在哪里都是会发光的。

安妮娜改变了我的片面认知，原来每天参加下午茶、各种聚会、购物，只是微商们营造出来的贵妇形象。

真正的名媛都是有着鲜明特征的。

一、对自己的外形管理到极致

能够管理好自己的身材和外形的人都是极度自律的人，自律的人在其他事情上也会更有把控。

二、懂得散发魅力，聚集人气

有自己独特的魅力，知道什么是真正的美，不会刻意迎合他人和市场。

三、有主见

在事业方面，可以自己做主，有自己的想法和态度，不会人云亦云。

四、头脑清晰，有原则，有界限

在工作和生活中，明确自己的领域，坚持自己的原则，有一定边界感。

那天在回来的路上，我脑子不停地转，一直在思考。虽然有时候，我会和朋友调侃现在的人都比较现实，都知道找个“好老公”或“好岳父”的重要性，但其实我知道，我们大部分人并没想依靠别人或者另一半来获取财富，还是想靠自己的本事和努力过上自己想要的生活。

除此之外，从这位姐姐身上，我萌生了两点新的认知：

一、比起鸡汤文中的经济独立，女性的自我觉醒更重要

这个觉醒主要表现在，你可以爱钱，也可以把找个好归宿当成人生目标，这都没关系，但一定要有靠自己也能立足的心态和能力。这不光关系到你自己，还关系到以后你的家庭。人们常说“知识改变命运、家庭决定命运”，爸爸妈妈是孩子的第一任老师，家庭成员的思想、认知、心态对后代的影响很大很直接，这其中，母亲的角色尤为重要，一个母亲往往会影响整个家族。

女人如果有不依附的心态，可能前期会痛苦，职场歧视、传统观念都是约束，一旦过了这个阵痛期，在生存环境中游刃有余了，会比其他同性活得更舒服。

你不用刻意讨谁欢心，也不必担心被谁抛弃，因为你有立足的本事，会给自己安全感。

二、普通人和富人的差距，并不仅仅在于钱，而在于对世界的认知

在生活里，大家都比较羡慕富裕的家庭，其实这背后是羡慕他们家前辈们成功过，经历了一些事，知道这个社会的运行规则，然后把这些传授给子女，并适时地帮助他们，这样哪怕后来家庭起变故，孩子们长大后仍然知道怎样站住脚。只不过，成功人士的家庭可以从小培养晚辈们这些认知，让他们少走弯路，而普通人的家庭机遇有限，只能靠自己，起步是比较艰辛的。

普通人想改变，先要改变原有的认知，没有特别好的方法，就是自己去碰去试，打破原有的那套认知，去接触比自己更厉害的人。要知道，同样是创业，听下岗父母的那套，跟听已经成功把企业做上市的老板的那一套，结果是完全不同的。这中间没有捷径、没有诀窍，就是自己去一点点积累、去体会。不要怕犯错，犯错是提升的前提。

仅仅是打破圈层和敢试错这两点，就已经能强过很多人了。

成为想要成为的人

我有过一次印象颇为深刻的相亲经历，相亲对象长我两岁，白净文气，家里有个规模不小的企业。介绍人叮嘱我一定要好好把握机会。男孩子是独生子，爷爷那边的房屋很快拆迁，家里的公司也在往上市方向做，只要嫁进去就是净享清福……奇怪的是男方家先要了我的生辰八字，找人算过后才提出见面。

在他爸爸的办公室我们碰了面，他爸气场十足，全程都在各种提问，我根本没和男孩子搭上话。回来后媒人带话说，对方父母对我还挺满意的，觉得我家里条件还行，人个子高，也蛮机灵的，能考上研究生说明智商也不差，家里亲戚有几个又都是老师，从小学到大学的都有，以后对孩子的教育也有好处。唯一的缺点就是工作不是教师或公务员，不过没关系，可以婚后考，最后就是希望两人尽快确定关系，三个月内订婚，半年内结婚。

我听完有点蒙，因为太紧张，事后都想不起来男孩子长什么样了，只记得人乖乖的，做事慢吞吞的，在他爸的办公室做着助理的工作。第二天是周末，男孩子约我出去玩，两个人有一搭没一搭地聊，但我心里总是有种说不出的感觉。媒人一直在热心撮合，她不停地给我“洗脑”：“女孩子趁年轻赶紧嫁人最重要，过了二十五岁就不好找了。男孩子家庭条件好，过了这个村就没那个店了。这男孩老实，以后也好管呢。”刚出校门的孩子对未来迷茫是常态，又觉得长辈的话总不会害我，就去他们家玩了几次，硬着头皮和男生聊天，装作很感兴趣的样子。有一次过节，她妈妈叫我去吃饭，提出尽快见下父母，都没问题了可以搬去他家住，反正房子大。我有些慌乱。

某天周末，他妈妈叫我一起去参加一个她闺蜜的聚会，有点把未来儿媳妇带出去给别人见见的意思。席间不知是出于面子还是怎样，她说我本来要去留学的，为了她儿子才放弃的，言语间尽是骄傲。饭局快结束时她们聊到了谁家的儿媳，好像是儿子在大学里谈的，家庭条件一般，家长本来没同意，儿子要死要活才点头。众人开始挑剔女方，说这女孩子不自量，娘家条件差已经是高攀了，嫁进去还不抢着洗衣做饭，难道等公婆做吗？孩子也不生，动不动就出去逛街旅行，当人家的钱是大风刮来的吗？这种家庭的女的一看就心机很深、很会算计……回来的路上，我坐在汽车后座，从后视镜看着这个“准婆婆”保养得宜又强势的脸，忽然间觉得她今天的样子就是我的未来啊。

我们家条件本来不差，但比起他们家确实是差了不止一点，男方虽默认个人条件可以弥补一些，但总体上我是“高攀”的那一方。如果结了婚，看起来我似乎是占到了便宜，却没有想过后面要付出的代价：人家内心也许根本不会平等待我，当“高攀”这个种子根植在心的时候，我做任何事情都会被放大审视。我以为男孩子老实好管，却忽略了一个事实，那就是一旦我孤立无援，想从他那里得到支持，几乎是不可能的事，他会听从父母的话。我静下心来，真诚地询问自己，自己真正想要的是什么样的婚姻，什么样的伴侣，是仅仅家庭条件好吗？不，不是的。在那一瞬间，我清醒了，我决定放弃。

媒人一听就急了：人家哪里配不上你了？怎么还不肯了？退了可别后悔。可那天的内心活动清晰地告诉我：不要结这个婚，以后也不要去想占这种“便宜”。

忘了最后是如何收场的，男方父亲还特意给我打了电话问是不是他儿子欺负我了。很久之后那个媒人告诉我，男孩子又相了个妹子，两个月后就奉子成婚了。她跟我说的时候是略带惋惜和嘲讽的，觉得我错过了很好的姻缘，搞不好这辈子都遇不到条件这么好的人了，她说像我这种家庭出身的女孩子最难弄，差的不将就，好的又不肯妥协。

我后悔吗？当然不。工作赚钱也好、相亲结婚也好，最终的目的无非是想换取自由，比如购物的自由、生活的自由，但我更想要经济的自由和精神的自由。有时候看起来的捷径，很可能是人生中最远的路，又有时候看似占了便宜，实际上吃亏的在后头。

有些家庭从小对女孩子的教育就是嫁人是人生最重要的归宿，仿佛只要嫁了人，就能过上好日子了。其实结不结婚、什么时候结婚都是个人选择，无可厚非。但我特别不赞成女人选择坐享其成，用婚姻和孩子来逃避个人成长和责任。比如希望对方有上进心（这样我就可以不用上进了），有能力（这样我就不需要有能耐了），有责任心（其实就是肯花钱，否则就是不爱我）……这些看似合理的择偶标准后面暗戳戳地藏着自己的懒惰，靠美貌和孩子取悦男人、依附男人，但容颜会老，倒不如趁年轻提高自己的能力和价值。再过几年就会发现，人还是靠自己来得实在。

人生有高低潮，婚姻也有，但不管遇到什么困境，你有能力在，有核心技能在，你就有机会翻身，不要依赖别人，要相信自己。

这些年我读书、工作，然后又去读书，走的路和大部分人都不同，但见识越多，经历越丰富，就越加坚信要听从自己的内心，而不是傻乎乎地想着去顺应别人。你那么辛苦地一路奋斗，是为了让别人满意吗？当然不是，你的所有选择，最终目的无非是想这一辈子过得好，爱想爱的人，做想做的事，说想说的话，成为想要成为的人。这过分吗？一点也不，因为这是世间所有人的野心。

第六章

投资

越早有赚钱的能力越好

其实我对钱有一定的概念还是在上大学的时候。初高中我一直就读于私立学校，三餐全包，买零食也是用一点零花钱，所以对钱的多少以及重要性根本没有太深的体会。

上大学后却被同寝室的同学刺激到了。寝室下铺的同学那漂亮的手提电脑是用自己的存款买的。那时的我对于“存款”这两个字还没有什么概念，觉得离自己很远，以为等自己毕业工作后才能接触到。当时一下子被刺激到了。为什么人家都有存款了，我却什么都没有，甚至自己都没想过这件事情。

后来还有一个因素，激发了我对挣钱的欲望，就是那时我很热衷于港剧，想毕业后去香港读研。可我妈一会儿同意一会儿反对，态度犹豫不决。我一咬牙，便决定自己赚学费。可是做什么好呢？力气没那么大，又要上学，时间上没有那么充足，后来刚好有个同乡学长知道我会写文章，便推荐我给一个平台写稿。

起初我是拒绝的，觉得自己能力不足，生怕自己写的文章太糟糕不过关。后来朋友劝我说不如尝试一下，有些事情等自己有把握再做的时候机会就错过了。想想确实是这样，所以就接下了学长推荐的工作。

写文章的日子并不轻松，生怕自己的文章被拒绝，所以每次都会搜集大量的资料，把文章里涉及的知识研究透彻，之后再一遍一遍地修改，直到自己觉得可以了才会提交上去。

写文章这份兼职我坚持了很久，自己的文笔都是在那个时候磨炼出来的，也挣了很多零花钱，甚至后来结束合作的时候对方还包了 5000 元的红包给我。对于当时还在上大学的我来说，这个数字对我的影响是很大的，觉得自己有了赚钱的能力，自己也是可以赚取收入的，从而增强了很大的信心。

写文章这件事不但使我攒了一些钱，还培养了我赚钱的能力，主要是赚钱的意识，这一点对我来说意义很重大，以至于对我此后的金钱观和理财观都有一定的影响。

后来写文章的兼职结束后，我又萌生了新的想法，去餐厅做兼职服务生，接待外国人。那时主要是想在找一份兼职的同时，又可以在学业上帮到自己，那去餐厅接待外国人是最好的选择，可以进一步提升我的英语口语水平。

在餐厅兼职期间还发生过一件令我印象颇为深刻的事情。记得有个黑黑胖胖的外国人 Simon 经常来。他的英文发音像高考听力一样标准，所以每次他来，我都抢着给他服务，尽可能多地和他交流，时间长了，也就熟悉了。有天晚上我去餐厅比较晚，推门进去就看见他脸色通红，焦急地和服务员解释着什么，但是对方很漠然，周围人也只是围在那儿看热闹。一问才知道，他晚餐点了条鱼，服务员欺负他看不懂汉字，杀了条最贵的鱼卖给他，结账时账单有 1000 多元。Simon 满头大汗地跟我解释说，他的餐费是公司签单的，今天突然这么贵他表示不理解。

我去找签单的同事询问情况，谁料人家满不在乎，还不承认是因为对方不认识汉字而欺负了人家。我气不过就去找了店长，美女店长觉得这是小事，道个歉即可，但是该支付的还是要支付。我表示非常不理解，没想到老板竟然会这样处理问题，那一瞬间，我突然不知道自己为什么情绪那么激动，竟然没忍住跟店长吵了起来。虽然我和那个外国人并没有很熟络，但因为语言而吃亏这件事好像一下子击中了我的泪点，在和店长争吵的过程中竟忍不住哭了起来。

最后事情以餐厅全额赔付抵价券而平息，Simon 不停地对我表示感谢，非要请我去喝咖啡。那天下午我和 Simon 聊了很多，得知他毕业于美国得克萨斯大学，之后去了剑桥学数学，现在被上海的一家外企挖来做技术副总。说实话，我那时的口语还不足以流利地跟他交谈，需要手脚比画和适当手写才能互相明白，但是不知为何却很兴奋，终于能鼓起勇气和外国人交谈了，哪怕对方要多次询问才会理解。

Simon 得知我在准备英文考试时提了个建议：每周抽两个下午和我聊天，我带笔记过来，他帮我纠正发音和批改句式，不需要付给他报酬，只需要给他多讲讲中国的文化即可。太棒了，我们两个一拍即合！接下来的一个月，我那吞吞吐吐的英文以看得见的速度在进步，我每次都跟打了鸡血似的，准时跑去聊天——也就是练口语。最后一次聊天时，我和他道别，送给他一套中国独有风格的瓷器作为纪念，而他竟也给我准备了几本跨国贸易、企业并购等内容的外国原版书。

回到学校，我带着疑惑翻开这些大部头英文书，发现每隔几页就塞了一张 50 美元的纸币，一共 20 张！这是我长这么大以来见过的第一笔巨款，当时惊得心在狂跳，给他写邮件请求退回，没想到他回了一封长文，说我是他的第一个中国朋友，善良又认真，那笔钱是我给他讲故事的报酬，以后不管读书还是工作，他都愿意帮我推荐……这段经历带给我的感动和震撼很大程度上影响了我此后的求学生涯。

以上就是我在学生时代的赚钱史，我就这样不间断地尝试了大大小小不同的兼职后，在领毕业证时，查看了一下账户里的金额，一共 108000 元。那一刻真的是理解了什么叫扬眉吐气，原来一个人情绪高不高亢真的和钱包胖瘦有很大关系——至少那一刻我是这样想的。

人在江湖，前方有阳光，也有黑影，早早地去体验不同的生活，去触摸靠自己努力赚钱的力量，未尝不是一件好事。

坚持和脚踏实地才会有收获

我的第一份正式实习，是在大学某年的暑假。

那家单位算国企，搞周年庆，要出席的领导地位比较高，于是行政、人力资源、市场部同事都来帮忙。其中有位女领导，她的孩子暑假没人照顾，就带来单位。她在现场忙，就让我帮她照顾下孩子。那时在新入职的员工里只有我资历最浅，另外她也找不到其他人。

我整整带了小朋友三天。我使出浑身解数，又是讲故事又是表演魔术，因为之前没有照顾小朋友的经验，又是领导的孩子，不好太过严厉，整整三天真的累坏了我。小孩子脾气很大，又活泼爱动，我生怕他会磕到碰到，每天都被折腾得筋疲力尽。最后一天活动结束后，那位领导把她儿子拉过去，没有说一句谢谢之类的寒暄语，而是笑着跟其他领导合影聊天。

晚上看到她发朋友圈，配图是两个大领导抱着她儿子的合照，搭配的文案是：活动圆满成功，一切努力都值得，谢谢领导们帮我照顾孩子……

可能是我太微不足道了，以至于完全没有入人家的眼，那是我在职场上学到的第一课。现在一想起来还手脚凉凉的，它让我明白一个残酷的事实：你有价值，你的付出才会被珍视，否则，不值一提。

那段时间，我感到非常消极和迷茫，觉得自己没有什么价值，没有人肯定自己，导致越来越焦虑，但我又相信是金子总会发光的。于是，我沉下心来，在心里问了自己两个问题：

一、确定自己是那块“金子”吗

这个答案其实我并不敢确定。为什么这么讲呢？是因为我自己学习能力很强，并掌握了一些技能，这些技能并不是容易取得的。但我刚刚步入社会，还施展不了自己的才能，所以常常自我怀疑。在这里我想说，不要自我怀疑，要相信自己，要自信。自信是解决一切事情的大前提，你都不相信自己谁还能相信你呢？千万不要低估自信所带来的潜力。

二、是什么阻挡了你散发自己的光芒

发光的前提是有可以发光的环境和平台，有机会露头，而不是一直被埋在地下。比如你的优势是写文章，但被领导分配去做管理，优势就发挥不出来了。你要找到属于自己的平台，能够发挥自己优势的平台。如果在一个公司里没有你想发展的领域，在一个行业里没有你想成为的或没有一个作为你榜样的人，那只能说明你把自己这块“金子”放在了发不出光的地方。

通过对自己的剖析，我决定趁自己还年轻，辞职离开去找更多的机会，发现能让我发光的地方，也从此断了去考公务员之类的念想。不是说不好，而是自己根本不喜欢。人啊，还是要去做自己喜欢的事，才会拼命努力想发光。

最开始也没找到头绪，但我有一个优点就是阅读速度快，理解能力比较强。这不是天生的，而是后天训练出来的，因为我小时候很喜欢看课外书，但妈妈不让多看，为了把学习的时间省下来看闲书，我只好在效率上想办法。

一般开学前几天拿到课本，两三周就把主课自学完了，在不懂的地方画上记号，上课时着重听讲，这样效率比较高，可以省出时间看其他书籍。

看书的时间都是断断续续的，那怎样保证再看时，上一个章节不忘呢？看完后我一般会对照目录回忆下大概内容，必要时画个人物关系的思维导图。发觉很管用之后，我又把这个方法用在学习上，学完一个章节就对照关键词回忆和复述。而且为了不被妈妈和老师抓住，我看书的速度越来越快。

阅读抓关键词、读后总结这个习惯，和写日记一起坚持了十几年，纯属无心插柳的习惯，带来的“副作用”就是我的自学能力变得很强，知识储备量很大。后来我修心理学才知道，善于总结是一种很好的学习能力，人脑中储存的大部分信息就像电脑里的“垃圾文件”一样被随意堆放，被笼统地归为“潜意识”，就是你有印象，可想不起来细节。但如果你在摄取信息的时候，做了二次加工或者总结，那么它就会像文件夹一样被有序存放，变成“记忆”。记的东西越多，你的大脑细胞和神经元密度就越大，你的脑子就会越来越灵光。

这件事给了我一个很大的启发，那就是：在你迷茫困顿的时候，一定要去找一件你喜欢的或者擅长的事情，把它坚持下去，当你全心全意地为一件事努力的时候，最后收获的一定比想象的要多得多。至今我都觉得：坚持学习和阅读是我们普通人走向成功的捷径之一。

读书真的是普通人的一个好出路，只是最需要它的人往往都不相信，很多人就是太重视性价比了，觉得成效太慢了，老想着暴富。这里的读书，不是说一定要念个学位考个证书，而是一种坚持学习的心态，把自己吃饭的本事练好，练到极致。

对普通人来说，成功的捷径只有一个，那就是少偷懒，少耍滑头，脚踏实地，一步步前进。

曾经帮助过我的一个领导曾跟我说，他之所以肯帮我，肯把机会给我，是因为一群人里，只有我没想着怎么去耍小聪明忽悠他，而是老老实实把他交代的事情做好。所有人都觉得自己很聪明，都想着怎样耍滑头，只有我觉得自己不够聪明，只想抓住这个机会，就一直埋头好好干活。最后他说：这个世界上不偷懒、不耍滑头的人太少了，大家都想走捷径省力气。你一直踏踏实实，那你就又多了一个优势。

小聪明的人都喜欢速成，都想着怎么展示、表现，但事实上，真正的聪明人想的都是把这件事做好、做得漂亮。这也就是为什么有的企业会在大众心目中有着良好的口碑，然后逐渐成为业界老大。

别人炒股，今天学敢死队打板，明天琢磨擒龙套路，都是奔着暴利去的，但每一样都没学成。只有你，坚持自己琢磨出的那套，不断地实战和总结，三五年后，终于迎来丰收。

我举这两个例子，只想说明一个道理：学习和独立思考可以帮助你少走弯路，但最重要的还是坚持和脚踏实地。

好好奋斗，坚持不懈，使自己有能力和任何人比肩。

我的投资心得

金钱在它能发挥效用的地方，着实很重要，而在它不能发挥作用的地方，也给人一定的勇气和安全感。

换句话讲，钱本身是没有价值的，它只有在让我们的生活变得更好时，才会产生价值——这是一种良好的金钱观，明白了这一点，我们在投资理财中也会理性很多。

那如何投资理财呢？

一、利用好你定存积累下来的第一笔钱

换句话讲，把你存到的第一桶金，用在正确的地方。无论你做什么投资，首先得有本钱。

普通人每个月的收入都是固定且有限的，很难突然有笔大

钱专门来投资理财，所以，不管怎么样定存都是第一步，有了这个硬指标之后，再去想开源节流。

第一桶金怎么用很重要，因为它决定了你的原始积累。有的人拿去买车，过几年保险加上损耗算起来是亏的，不过车对生活质量的提升还是不小的。也有的拿去炒股了，赶上牛市还行，要是遇到股灾，可能赔了夫人又折兵。

我本科毕业前已经存了一笔不小数目的钱，当时的计划是将其作为去香港读书的学费和生活费，后来我向杭州的房价投降了，放弃直接进修的计划，而是把它拿去做首付，买了一个小房子。

回过头来看，这个做法也不能算是错，但是人生如果有重来的机会，我一定会选择去读书，尽管当时觉得未来很迷茫，但是出去转一圈，事业开拓之后也许就不一样了。如果那时候我选择了先去香港，以我的性格，要么会选择留在香港眺望世界，要么会选择毕业后待在深圳。

所以说如果你还很年轻而且未婚，我建议你把存到的第一笔钱花在提升自己身上，投资自己的容貌、教育、眼界、见识都可以。当你整个人上了一个台阶之后，你会发现遇到的人也好、机会也好，都和现在是不一样的，你的人生也会出现越来越多的可能。

二、要有主见，要相信自己的判断

仔细观察你就会发现，绝大多数人对自己的能力都没有什么信心，反倒是会相信别人的判断。

看到别人买房赚到钱了就跟风去买房，看到别人炒股赚到钱了也去炒股，看到别人刷学历镀金，就也开始看书准备去考，等刷完了、念完了发现自己并没有改变多少，于是就大呼社会不公，内卷严重。

其实真正造富的方式只有一个：创造自己的核心价值。不是说别人怎样你就要怎样，你自己究竟喜欢什么，擅长什么，适合什么，这很重要。找工作也好，投资理财也好，最重要的是要有自己的思路，因为没有谁比自己更了解自己。这个思路可能在刚开始时是不成熟的，甚至是错误的，但一定要有，随着不断的实践和经验积累，你的思路也会随着转变，慢慢就走向了正确和专业。最怕的就是自怨自艾，觉得自己什么都没赶上，抱怨社会，抱怨命运，你做什么都随大流，干什么都跟风，那可不就是被收割的韭菜命吗？

像我最开始做股票是跟领域前辈学的套路，但是适合别人的未必适合自己，别人的方法也不一定对你都管用，所以这些年我也是一直在摸索，一直在尝试，想探索出适合自己的路径。

后来慢慢地，我形成了自己独特的投资思路：股票选择上，坚定长期持有；与此同时，配置相应的头部基金，以及房产。为什么会这样做呢？因为这些年积累的金融学知识告诉我：不要总想着赚快钱，钱来得快，去得也快。金钱是有时间价值的，你要相信时间的魔力。

什么叫时间的魔力呢？

就是说，随着时间的增加，你的资历、经验和收入是会涨上去的，你的财产总量是会增加的，当然这些都需要时间的加持，很短的时间内实现不了。

话虽然很好理解，但实践起来很难，大多数人只关注眼前的利益，比如一听到“暴富”二字就两眼发光，一听到“速成”就来了精神。刚毕业就想着一步到位买市区大平层，想一把赚一个小目标，想想看这怎么可能呢？

努力地存钱，克制地花钱，好好利用存下的第一笔钱，赚第一桶金，相信自己，相信时间的魔力，一步一步走出自己的命运，这就是我总结出来的投资心得。

财富积累：摆正心态，量力而行

我从小对金钱的认知观念就是金钱是自己一点儿一点儿挣来的，财富的积累就是靠劳动和智慧换取来的。这种认知来源于家庭，懂得父母的收入都是每天勤勉上班换来的，深刻牢记父母所说的“不要乱花钱，省着点花，要学会攒钱”。

相信很多人和我一样，对财富的积累的认知就是劳动和智慧的换取。直到上大学后我才意识到自己认知上的片面性。上大学后所接触的知识面一下子开阔了很多，开始了解到一些金融知识，了解到投资与理财的重要性，对基金、股票、保险等词汇慢慢有了概念，也上了一些理财的课，跟着老师开始学习投资理财，读了很多相关的书。有那么一年，觉得自己的认知仿佛一下子受到了冲击，整个人好像被打通了任督二脉，才意识到之前的自己在这方面的认识是多么匮乏。

靠劳动和智慧来换取财富的积累是没有错的，并且是很重要、很正确的价值观，但不仅仅是这样，我们还要学会开源节流，投资理财，让钱生钱。《小狗钱钱》这本书，告诉我们每个人都要有一只“会下蛋的金鹅”。我在学习的过程中越发觉得我们应该尽早地接触这方面的知识，不要担心孩子不理解，也不要觉得自己没那么多钱，学这些知识用不上，你能不能用得上和你懂不懂、了不了解这些知识并不是一样的概念，最怕等到你想用时才后悔“读书迟”。

根据我这些年来的学习和多年来的工作经验，在财富积累方面我总结了以下几条心得体会，供大家参考学习。

一、一定要储蓄

储蓄的含义大家都懂，也就是攒钱，有一定的存款，尤其是成了家、有了孩子的人，有一定的存款是很重要的。年轻的时候就要学会储蓄，但并不是要求大家把所有的钱都储存起来，不去享受生活，而是将你的收入的三分之一、二分之一，或者百分之几储存起来，根据你的工资收入、个人开销等实际情况来决定。

其实我个人是不太提倡“月光族”的，年轻的时候我也想享受生活，提升自己，用钱来开阔视野，但我提倡量力而行。只有你有一定的存款，才会有一定的安全感。有了安全感，你在求职、跳槽、学业进修上才会有一定的底气和退路。

二、供长期基金和保险

这个是我逐年累积的一些经验。我自己有在供长期的基金和保险，而且是二三十年起的。健康保险是要买的，否则一场大病花掉大部分积蓄就太冤了。经济允许的话，建议意外保险也要购买，防患于未然。

基金方面，看个人能力，有能力就选质地好、分红高的长期持有，就当是比存款收益高的储蓄了，每月一点份额，供中年或退休之用。

三、投资房地产

说到投资理财，大家都会想到投资房地产。很多人认为买房子是相较于其他投资方式更为安全的一种投资，虽然房价会随着市场进行调整，涨幅不定，但至少房子属于自己。

不过买什么样的房子也是有学问的，如果不是自住，投资属性多一些，建议以地区为先，传统价高的地区，楼价升跌的可能性较小。宁愿买富人区的小单位，也比在平价地区买更大空间的要好。城市也是一样的，想要投资，大城市是好于小城市的。

四、摆正心态，量力而行

投资理财的人很讲究运气，一定要懂得刹车止损，如果运气开始走下坡路了，碰什么亏什么，那就收手暂时不要做了；如果不甘心，继续往里追加，那等于是把钱掷进无底深渊。其实这一条放在股市里也通用，如果你总是买什么亏什么，那就不要再追加了，而是停一停，等头脑清醒了，心态正常了，再追加也不迟。

切记不要借钱投资，不要去买自己明明负担不起的东西。有一百块投资五十，能赚固然好，如果亏掉了，那至少还有五十，还能负担得起。

记住，投资你要的是回报，而不是赌气，最后把自己也赌进去。

以上就是我的一点心得体会。在这里推荐《小狗钱钱》这本书给大家看。这是比较简单且被大家熟知的理财书籍，还可以和孩子一起看。

第七章

炒股

炒股需要认真而不盲从

2014 年牛市刚兴起，江浙游资还没有被大众广泛熟知以前，我对那些炒股大佬的形象是有过幻想的，觉得他们即便不是一袭黑衣、勇猛无敌的“佐罗”，也是又酷又帅的“海盗船长”。当真正接触后才发现，他们私下里都是相貌普通、简单低调、专注又认真的人。

不是每个炒股赚了钱的人都有资格被叫作“大佬”，十几万、几十万本金炒到上亿是标配。除了几个人奢侈一些，大部分人生活都很简朴。有一个几亿现金在手的“大佬”，近十年每天都去楼下餐厅吃饭，坐同一个座位连菜谱都不变，理由是方便。当然也有几个人是讲究的，凡事都要抢头筹，用着新款手机和新款车，什么流行买什么，一如他们在A股市场上抓热点和抓龙头板一样。

表面上看，这些炒股“大佬”喜欢牛市、喜欢登高，实际接触后你会发现，谁的钱都不是随随便便赚来的。除了正常的交易时间，他们在平常生活中都是极其勤奋的人，做功课忙到凌晨是常有的事。

今天讲的这个“大佬”，称他为李先生，每晚专注坐在电脑前复盘，浏览交易所和各大财经网站是必须的功课，公告和相关新闻一个都不能少。时间久了，对题材敏感度上升了，很多不易察觉的信息都能挖出来。每天涨跌停板挨个翻一遍，为何涨、何时开始涨、大概能涨多久都要仔细分析，一周统计一次本周涨幅最大的十只股。想一直从股市赚钱，就一定要紧随热点，绝不跑偏。

年报和季报预告密集的披露期是常常需要加班的，深挖业绩超出自己预期的股票，分析超出预期的原因，了解行业景气度、原材料涨跌、有无新订单等。发现好的标的，就让团队汇总分析，找出重点个股，再和业内朋友一起讨论找龙头股。

以前做功课都是自己来，但随着资金量增大和股票增多，李先生有些顾不过来了，工作室专门招聘了人员来做。今年李先生特意开了个账户专做新股、次新股，每次有新股上市，团队里的年轻人就要加班加点。招股说明书、新股亮点、行业背景、参考标的、网下机构申购是否活跃等都要做研究。新股打开后的换手是他特别关注的因素之一，好的题材新股，涨幅一般、换手极高，很可能是有资金在压盘吸筹，低开时买进去，两三个板就出，吃个鱼身很轻松。当然新股也不是都赚钱，记得我也学着要买时，李先生就反复强调一定要视新股周期的情况而定，如果那段时间上市的新股表现都强势，就大胆做，如果高开低走的多，就不能做了。

市场上的不少老股民都是技术派，推崇技术分析，甚至还会总结出一套交易系统。李先生显然不擅长技术，入市十多年来，一直专注抓热点龙头。股市的热点就像是钱塘江的潮水，大浪才能翻到大鱼，抓到热点盈利，机会就大很多。除此之外，和行业高手、知名私募交流能帮助他及时调整思路。股票圈说大不大，说小也不小，定期聚会讲讲心得，一旦出现重大题材和热点时都会相互沟通，聊聊操盘心得和计划，讨论龙头股高开多少的应对策略，可以很大程度上避免自己盘中冲动地买入。龙虎榜上最强的游资集中在江浙、深圳等地，很多席位买卖股会是同一只，因为资金量大后买股容易卖出难，操作的难度更大，沟通和合力可以帮助更精准地判断热点，提高出手的成功率。

就像很多创业者都要几经起伏才能成为企业家一样，我一直觉得经得起股市浪潮的股民才能光荣地称得上股坛“大佬”。李先生刚开始也什么都不懂，人家买什么跟着买什么，一年多后本金只剩下百分之二十，那都是他攒的辛苦钱。痛定思痛，李先生开始反思自己的方法，在借鉴宁波涨停板“敢死队”的模式后，他开始逐渐摸索出自己的追涨门道来。后来碰上大牛市翻了十倍，之后就和几个游资朋友一起做下去。

我曾傻乎乎地问李先生，人在江湖飘，是不是方法最重要？他说不是，是纪律第一重要，手中的股一旦出现放量下跌、股价走弱等情况就要第一时间卖出，严格执行止损位，不要期盼后面有利好的情况，股价只要一直强势处于上升趋势，涨得再猛也不卖。下跌通道不要等反弹，也不要加仓抢反弹，止损后再寻找新机会，胜率肯定比持股等反弹高，很多人都是在被套等反弹中错失机会，结果被越套越深。

股灾期间，李先生被堵在风口，损失不小，但他执行力果断，不断修正失误，如今早已恢复状态，今年市场行情起伏很大，中间他停手过几个月，但目前收益还是接近两倍。

投资是一辈子的事，赚钱的路哪一条都不好走。李先生看似云淡风轻的背后是数十年如一日的坚持、专注和学习研究。很多人不喜欢动脑只爱盲从，今天学学这个，明天学学那个，只学表面不学内力，总想着问高手要一只股票，自己买入后就能赚一笔，哪有这么美好的事情呢？股市里没有常胜将军，把投资当成一项事业来做，认真而不盲从，账户余额终究会给人一个大大的拥抱。

炒股需要反思、坚持和运气

从事股票这个行业的人身上有很多优点，比如专注、自律，擅于总结和反思。

炒股并不是一个完全拼智商的行业，但做得好的人，一定是有内在优势的。比如思维理性、逻辑能力强、心理素质好。另外就是，很多投资高手脾气很温和，不会自负。能控制好脾气的人，比较能看清楚自己的缺点、勇于总结教训。我跟行业内的一位前辈交流的时候，他会把自己的思路、想法，用很简单的话概括出来，大方地分享，没有遮遮掩掩。其中哪些股失误了，如数家珍，不管回撤多少，他都是很平淡地讲述出来，可见对自己很了解，这种了解是建立在反复地回看自己的失误基础上的。

大多数人只会念叨一条规律，自己的股“一买就跌，一卖就涨”，其实这根本不是什么规律，买了上涨下跌的股票的概率都是50%。变成了买入就跌，是因为从来不反思，导致记性不好，把买入就涨的和卖完就跌的股票都忘了。这就是“韭菜”和“割韭菜人”的差别。

我对那位前辈印象最深的是，他特别喜欢总结和统计，群里每天中午发的涨停板表格，都是他自己做的。不光是统计市场的，还有之前做过的所有交易也会统计，一笔笔记着，看哪些交易是赚钱的，哪些是亏钱的，分析为什么赚钱、为什么亏钱。如果是赚钱的交易，就看是因为运气好，还是交易的逻辑对了。逻辑如果对了，是不是适用于任何市场，如果不是，那只能在什么情况下可行；如果是赔钱的交易，是因为管不住手随意买卖的，还是忍不住追涨导致赔钱的。反思的过程，就是加深记忆的过程，就像学生时代，每个善于总结的学生都有一本独一无二的错题集一样，记录了一路走过的弯路。

要知道，人对自己犯过的错，总是会下意识地逃避，选择性忘记，但如果你强迫自己一遍遍重复并记住，就能避免下次再踩坑，长期下来一定会有条件反射般的应激反应。

还是那句话，交易中并不需要太高的智商，更需要的是对自我的了解和控制。同样的路比别人少犯错，一定会走得长远得多。每天总结、每个礼拜总结，每个月、每个季度，都会对自己过去的交易，对照着市场进行分析，一遍遍地增加自己的记忆，这就是翻倍小能手的核心秘籍。

市场上没有新鲜事，每一次行情起来，每一个龙头的兴起，在前面都是有参照的。不停地反思和总结规律，可以熟能生巧，找到最适合自己的盈利方法，然后一直重复这个操作，不断地把它练到极致。

一天两天这么做很轻松，长年累月地坚持就需要耐心了。现实是，无论做短线还是做长线，想做出名堂，都需要长久地坚持。比如坚持八年股票翻了一万倍的那位“大神”，人们都看到了一万倍的利润，却没想过，还有个前缀是八年。

所有做出成绩的人，都不是一蹴而就的，都需要经过很长时间的磨炼。

有了反思和坚持，剩下的就是运气了。我一直认为，致富需要勤奋和努力，但最后到底能赚到多少钱，则是看运气。可能一堆人都聚在一起乘凉，只有他站的位置，刚好有风吹过，然后只有他一个人乘风而起。换句话讲，上限靠天定，但下限自己定，哪个行业都一样，不光是股市。

能不能赚钱全凭自己，赚多少要看运气，俗称“谋事在人，成事在天”。肯定有人会说：“从一千万到三千万，我也行呀，前提是得先有这一千万。”

这种人看到任何成功的人，都会想当然地认为，自己不比他差，只不过没有人家的偶然机遇而已。但有时成功需要的是对自己的了解和控制，再加一点运气。只有不断学习，提升自己，积累经验才能有好的回报率。

“咸鸭蛋理论”在股票交易中的应用

宏碁（Acer）电脑的创始人施振荣，三岁丧父，和母亲相依为命。为了谋生，妈妈不得不去借高利贷来做小买卖养活全家，他小时候放学后就帮家里看店。

那店里卖什么呢？主要是咸鸭蛋和文具，咸鸭蛋 3 块钱一斤，利润百分之十也就是 3 角钱，但是容易变质，没有及时卖出就会坏掉；文具的利润高，10 块钱能赚 4 块多，利润超过百分之四十，而且摆在那儿也不会坏。看起来卖文具比卖咸鸭蛋要好得多，可年终一盘点却发现，卖鸭蛋所得远比卖文具的盈利要多。因为鸭蛋虽然利润薄，但最多两天更新一次，薄利多销；文具利润虽高，可有时候大半年都卖不掉，成本压在那里不说，时间越久利润被贷款利息吃掉的就越多，于是第二年店里就改卖咸鸭蛋了。

后来他创办宏碁电脑，把卖咸鸭蛋的理论也应用到卖电脑上：产品和最新科技同步，在保证新鲜性的同时薄利多销，果然大获成功。

咸鸭蛋男孩成功后在世界各地巡回演讲，他的这套经营哲学也被管理学上称为“咸鸭蛋理论”，意思是一个赚钱的生意要符合两个条件：能不能产生现金流；能否有一个好的资产收益率，而资产收益率 = 利润率 × 周转率。因此，不要小看周转率的威力。1 块钱的产品，利润 2 分钱，每天都能卖掉的话就意味着 1 块钱的资产一天能周转一次，一年就是 365 次，滚出的利润是 7 角 2 分钱，一年就是百分之七十二的利润。沃尔玛就是这么挣钱的，它的所有战略都围绕着一个目标：如何加快资金周转率。反过来说，如果你片面地追求高利润，老想着动辄百分之五十以上的利润，结果就是利润率越高，你的风险越大！

这个规则不仅仅适用于实体经济，股票交易也通用，可惜我悟到这一点有些迟。2018 年我忙于应付各种考试，所有交易加一起不超过十次，大部分时间都空仓逆回购，虽然蠢到可笑，但也躲过了好多大坑，最低的一次我记得利润率是百分之零点二，但那个时候头脑很清醒，想着我只要赚一点就跑，不要对个股抱任何幻想，今年主要目标是拿学位，然后亏的次数也就两三次吧。到了下半年，没那么忙了把精力重新放回到股票上，刚好赶上科创板那波，一周不到的利润把自己都吓了一跳，都赶上卖文具的了，然后心就开始动摇了，每天想的都是再来个机会，赚波大的2018年就收官。

后来我押了两把，一次是高送，一次是一个股权转让股。当时如果利好不达预期第一时间就止损的话，不会有什么损失，错就错在了失衡的心态上。前面已经有巨额利润率在做参照了，大饼已经画了半个了怎么能轻易就走呢？于是一拖就是小半个月，那半个月赶上市场“黑天鹅”最多的时候，每天各种暴雷，明明没事的股也“中枪”了，后果可想而知。如果不是最后一咬牙无条件止损，估计之前赚的全部都得吐回去，一分不剩，而整个过程我最后悔的是，因为这些股占用着资金，等发现好股的时候我根本没有钱去买了，套用咸鸭蛋理论的解释就是，因为想着高利润把钱全砸在了文具上，以至于市面上有最新鲜的鸭蛋出现时，我已经没有本金进货了。

很多时候大道理我们都懂，可是到真正执行的时候才发现不容易，因为那个时候你最大的敌人不是别人，而是自己。而对自我的认知是职业选手和初级选手最大的差别，也是决定能否持续稳定盈利的关键。

你所不知道的四个经济指标

假期我跑去西雅图参观，这个地方是微软、波音、亚马逊和星巴克的全球总部，四家公司总市值相当于沪、深两市所有上市公司市值的总和。托好朋友的福参观了亚马逊和 Meta 在西雅图的办公室，据说里面种植了 4 万多株来自世界各地的植物，让员工能置身大自然中办公。

Meta 总部坐落在市中心，大部分员工是没有固定办公室的，遍地都是公用办公桌、会议室和休息室，椅子自由搬动，在哪里办公都可以，只要能按时完成任务。角落里的各种零食、饮料免费随便吃，累了有按摩椅、音乐屋和失重屋。除了周末双休，员工每周三可以选择在家办公。

和在这里工作的朋友聊天聊到经济发展，他给我讲到在公司里听到的反映经济景气程度的四个经济指标。

第一个为床垫指数（Mattress Index）。大概的意思就是：在美国，当经济大环境好的时候，民众心情愉悦，夫妻生活和谐，会导致家里床垫经常坏，消耗特别大。但是当金融危机重挫美国经济时，民众终日担心没钱花，心思就都在开源和省钱上，没其他心思在夫妻生活上，床垫销量便直线下滑。经济学家因此得出一个结论：床垫销售额能很好地反映经济景气程度。

这个是有理论依据的。美国曾经是全世界床垫量消耗最大的国家，也是世界上第一张软弹簧床垫席梦思的诞生地。最火的时候连罗斯福总统夫人都现身为品牌代言。随后它进军中国，很快中国成为席梦思床垫成长性最好的海外市场。但后来席梦思床垫在美国本土却撑不下去了，只好寻求破产保护。而在当今经济飞速发展的中国市场，席梦思已经不流行了。

经济景气与否很大程度上反映在股市上，又一个理论端上来了：裙摆指数（Hemline Index）。就是说女性裙摆越长，股市就越低迷；女性裙子越短，接下来牛市的可能性就越大。所以这个指数被发明者叫作“牛市与大长腿”。二战后玛丽莲·梦露在地铁口裙子被风吹起来那年正是美股的大牛市；1987年超短裙曾风靡北美，但是到10月份的时候忽然不流行了，紧接着美国股市就迎来了暴跌。

《动物世界》里说过，自然界的生物在面临危险时通常的姿势是防守，比如龟儿缩在甲壳里，刺猬蜷成一团。经济危机来了，人类也会心里惊慌，出于本能就会先保护好自己再说。

有人说这个理论肯定在日本最流行，这就错了，日本的经济学家在2009年全球危机后首创的经济指标叫“老爸地位指数”，是用全日本百货商店协会发布的男装销售额同比增长率减去女装销售额同比增长率来计算的。经济不好的时候，日本爸爸们买衣服的费用在全家买衣服的费用中会被最先“节约”掉，因为妈妈们是不会亏待自己的，孩子的衣物花销又不能省，只能先节省爸爸们的衣服了，所以“老爸地位指数”就会下降。等经济出现回升，家里收入多了，妈妈们才会将目光更多地放在丈夫身上：“哎呀老公，要不给你也买件衣服吧。”然后“老爸地位指数”也提高了。

研究数据表明，2008 年经济危机以后，“老爸地位指数”多次出现与股价几乎同时上扬的情况。而决定“老爸地位指数”能否持续上升的关键，则是涨不涨工资。

妈妈们作为家里购买衣物的主体，有时会在丈夫的外衣购买上进行节省，因此经济学界曾经用“男性内裤指数（Men’s Underwear Index）”来测算经济衰退后的复苏情况。男人内裤一般情况下是必需品，销售量大体是稳定的，但若出现严重的经济衰退，男人们为了省钱就不愿意买新的了，或者购买频率会下降。

发现这个指数规律的人，不是别人，正是美国第十三任美联储主席艾伦·格林斯潘。他说这个指标用来评估经济是否开始复苏是最有效的。英敏特公司的研究结果也显示，2009 年美国经济低迷时，男性内裤销量下降了百分之二十三。

听了朋友给我讲述的这四个指标，顿时觉得受益匪浅，经济的波动总会在生活中发现端倪，因为我们的实际生活是最能直接反映市场状况的。一切经济状况的发展变化取决于生活并且影响着生活。只有认真观察市场运转规律，才能够把握住市场风口和趋势。